学ぶ人は、
変えて
ゆく人だ。

目の前にある問題はもちろん、

人生の問いや、

社会の課題を自ら見つけ、

挑み続けるために、人は学ぶ。

「学び」で、

少しずつ世界は変えてゆける。

いつでも、どこでも、誰でも、

学ぶことができる世の中へ。

旺文社

受験生の
50%以下しか解けない

差がつく
入試問題 数学

三訂版

旺文社

CONTENTS

文字式の利用 8
文字式による説明 10
整数問題と平方根 12
1 次方程式の利用 14
連立方程式の利用（割合） 16
連立方程式の利用（いろいろな問題） 18
2 次方程式と図形 20
2 次方程式の利用 22
比例・反比例 24
1 次関数とグラフ 26
1 次関数の利用（速さと時間） 28
1 次関数のグラフの利用 30
$y=ax^2$ の基本 32
放物線と直線 34
放物線と図形 36
$y=ax^2$ の利用 38
多角形と角 40
平面図形の性質の利用 42
平行線と線分の比 44
合同の証明 46
合同の利用 48
相似の証明 50
相似の利用 52
円周角の定理 54
円周角と相似 56
三角形，四角形と三平方の定理 58
円と三平方の定理 60
作図 62
三平方の定理と体積・表面積 64
三平方の定理と面積・線分の長さ 66
回転体 68
展開図 70
投影図・球 72
数と規則性 74
図形と規則性 76
場合の数 78
さいころの確率 80
カードや玉の確率 82
データの比較 84
図形と関数の総合問題 86
図形の総合問題 1 88
図形の総合問題 2 90
数と式の総合問題 92
データの活用の総合問題 94

スタッフ
● 編集協力／有限会社編集室ビーライン
校正／株式会社ぷれす　吉川貴子　山下聡
● 本文・カバーデザイン／伊藤幸恵
巻頭イラスト／栗生ゑゐこ

本書の効果的な使い方

本書は，各都道府県の教育委員会が発表している公立高校入試の設問別正答率（一部得点率）データをもとに，受験生の 50%以下が正解した問題を集めた画期的な一冊。解けると差がつく問題ばかりだから，しっかりとマスターしておこう。

STEP 1 出題傾向を知る

まずは，最近の入試出題傾向を分析した記事を読んで「正答率 50%以下の差がつく問題」とはどんな問題か，またその対策をチェックしよう。

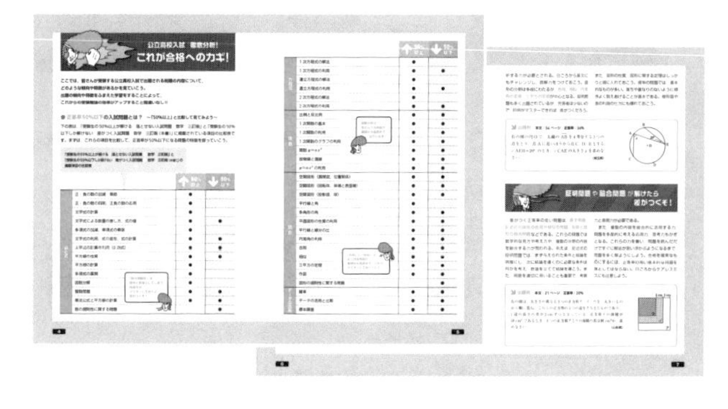

STEP 2 例題で要点を確認する

出題傾向をもとに，例題と入試に必要な重要事項，答えを導くための実践的なアドバイスを掲載。得点につながるポイントをおさえよう。

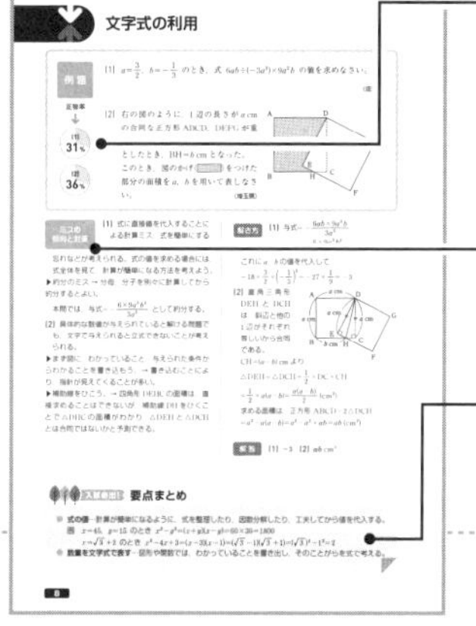

正答率が表示されています。（都道府県によっては抽出データを含みます。なお，問題の趣旨により，一部 50%以上の問題も含まれています。）

多くの受験生が解けなかった原因を分析し，その対策をのせています。

入試によく出る項目の要点を解説しています。

STEP 3 問題を解いて鍛える

「実力チェック問題」には入試によく出る，正答率が 50%以下の問題を厳選。不安なことがあれば，別冊の解説や要点まとめを見直して，しっかりマスターしよう。

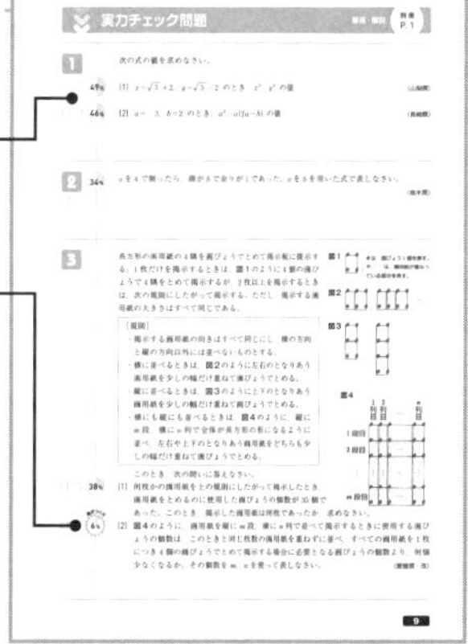

設問ごとにチェックボックスがついています。

多くの受験生が解けなかった，正答率 25%以下の問題には，「差がつく !!」のマークがついています。

※一部オリジナル予想問題を含みます。正答率は表示していません。

本書がマスターできたら… 正答率 50%以上の問題もしっかりおさえよう！

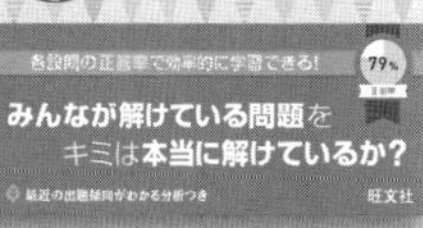

『受験生の 50%以上が解ける　落とせない入試問題 ● 数学［三訂版］』
本冊 96 頁・別冊 16 頁　定価 990 円（本体 900 円+税 10%）

ここでは，皆さんが受験する公立高校入試で出題される問題の内容について，
どのような傾向や特徴があるかを見ていこう。
出題の傾向や特徴をふまえた学習をすることによって，
これからの受験勉強の効率がアップすること間違いなし!!

● 正答率50%以下の入試問題とは？　～「50%以上」と比較して見てみよう～

下の表は，「受験生の50%以上が解ける　落とせない入試問題　数学　三訂版」と「受験生の50%以下しか解けない　差がつく入試問題　数学　三訂版（本書）」に掲載されている項目の比較表です。まずは，これらの項目を比較して，正答率が50%以下になる問題の特徴を探っていこう。

「受験生の50%以上が解ける　落とせない入試問題　数学　三訂版」と
「受験生の50%以下しか解けない　差がつく入試問題　数学　三訂版（本書）」の
掲載項目の比較表

		50%以上	50%以下
数と式	正・負の数の加減・乗除	●	
	正・負の数の四則，正負の数の応用	●	
	文字式の計算	●	
	文字式による数量の表し方，式の値	●	●
	多項式の加減，単項式の乗除	●	
	文字式の利用，式の変形，式の計算	●	●
	文字式の計算の利用（2 次式）	●	●
	平方根の性質	●	●
	平方根の計算	●	
	多項式の展開	●	
	因数分解	●	
	整数問題	●	●
	乗法公式と平方根の計算	●	●
	数の規則性に関する問題		●

「数の規則性」は
意外と見落としてしまう
内容だが，
マスターしておくと
差がつくぞ！

分野	内容	50%以上	50%以下
方程式	1次方程式の解法	●	
	1次方程式の利用	●	●
	連立方程式の解法	●	
	連立方程式の利用	●	●
	2次方程式の解法	●	
	2次方程式の利用	●	●
関数	比例と反比例	●	●
	1次関数の基本	●	●
	1次関数の利用	●	●
	1次関数のグラフの利用	●	●
	関数 $y=ax^2$	●	●
	放物線と直線	●	●
	$y=ax^2$ の利用	●	●
図形	空間図形（展開図，位置関係）	●	●
	空間図形（回転体，体積と表面積）	●	●
	空間図形（投影図，球）	●	●
	平行線と角	●	
	多角形の角	●	●
	平面図形の性質の利用	●	●
	平行線と線分の比	●	●
	円周角の利用	●	●
	合同	●	●
	相似	●	●
	三平方の定理	●	●
	作図	●	●
	図形の規則性に関する問題		●
データの活用	確率	●	●
	データの活用と比較	●	●
	標本調査	●	●

関数分野は
ほとんどの内容が
基礎から応用まで
出ているぞ！

「合同」と「相似」は
よく出る内容だ！
基礎から応用までしっかり
マスターしておくべし！

各分野，各学年からまんべんなく出題されるぞ！

公立高校の入試問題は右のグラフが示すように，どの分野からもまんべんなく出題されている。また各学年の内容がかたよりなく出題されていて，この傾向はここ数年安定しており，今後も続くと思われる。出題範囲が広いので，不得意な分野を作らないことが重要。レベルは，ほとんどの県で，基本と応用が同じくらいの割合で出題されているので，まず教科書で基礎固めをし，多くの問題をこなすことで応用力・思考力を養おう。

〈分野別　出題数の割合〉

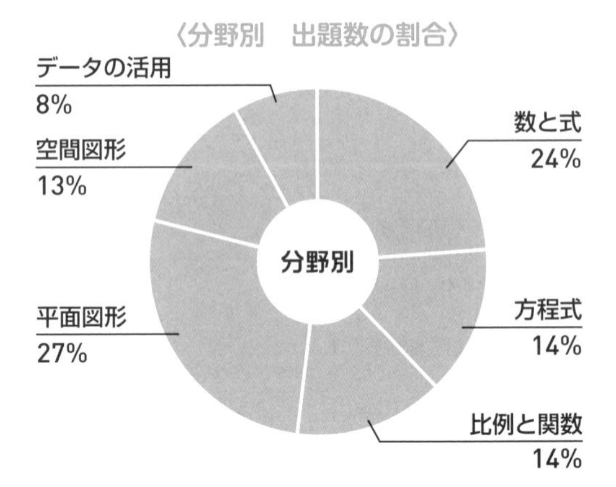

※データは，2022 年に実施された全国の公立入試問題について，旺文社が独自に調べたものです。

各分野で，どのような問題が出るのか……

数と式の分野では，数の計算の出題が多く，文字式の計算がこれに続く。これらは確実に得点しておきたい。計算はすべての基本なので，日ごろからより速く，より正確に解けるよう練習しておこう。数の規則性に関する問題もよく出題される。数がどのような規則で並んでいるかを見極める力を養っておこう。方程式の分野では，連立方程式の応用問題や2次方程式の解法がよく出題される。応用問題では長文も多い。文章を正確に読み取り，整理して考える力が要求される。数量の関係を表や線分図などを用いて式に表す練習をしておくとよい。関数の分野では，1次関数と関数 $y=ax^2$ のグラフの融合問題が圧倒的に多い。こうした問題では，面積の問題など，図形が絡んでくるものも多く，複数の領域を総合的に活用する力が必要とされる。また，問題文やグラフから数量関係を読み取らせる問題や，図形の移動に関する長文問題も増えてきている。長文では，書かれていることを整理・分

出題例　本文：23 ページ　正答率：37%

2 次方程式 $x^2-7x+a=0$ の解の 1 つは -3 であり，もう 1 つは x の 1 次方程式 $2x+a+5b=0$ の解になっている。このとき，a，b の値を求めなさい。ただし，途中の計算も書くこと。

〈栃木県〉

析する力が必要とされる。日ごろから長文にもチャレンジし，読解力をつけておこう。図形の分野は多岐にわたるが，合同，相似，円周角の定理，三平方の定理が中心となる。証明問題も多く出題されているが，完答者は少ないので，証明がマスターできれば，差がつくだろう。また，図形の性質，図形に関する定理はしっかりと頭に入れておこう。確率の問題では，基本的なものが多い。落ちや重なりのないように順序よく数えあげることが基本である。樹形図や表の利用の仕方にも慣れておこう。

出題例　**本文：54 ページ　正答率：36%**

右の図の円 O で，太線の $\overset{\frown}{AB}$ を 4 等分する 3 つの点をとり，点 A に近いほうから点 C，D，E とする。$\angle AEB = 20^\circ$ のとき，$\angle CAE$ の大きさ x を求めなさい。

〈埼玉県〉

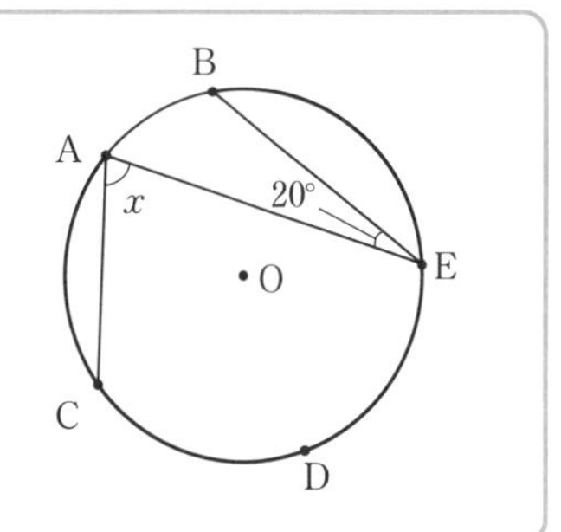

証明問題 や 融合問題 が解けたら 差がつくぞ！

差がつく正答率の低い問題は，長文問題，記述式の図形の合同や相似の問題，関数と図形の融合問題などである。これらの問題では数学的な見方や考え方や，複数の分野の内容を融合する力が問われる。例えば，記述式の証明問題では，まず与えられた条件と結論を明確にし，次に結論を導くのに必要な条件は何かを考え，筋道を立てて結論を導こう。また，用語を適切に用いることも重要で，考察力と表現力が必要である。

また，複数の内容を総合的に活用する力，問題を多面的に考える応用力，思考力もかぎとなる。これらの力を養い，問題を読んだだけですぐに解法が思い浮かぶようになるまで，問題を多く解ようにしよう。合格を確実なものにするには、正答率の高い基本的な問題を落としてはならない。日ごろからケアレスミスにも注意しよう。

出題例　**本文：21 ページ　正答率：20%**

右の図は，大きさの異なる 3 つの正方形ア，イ，ウを，大きいものから順に重ね，これらの正方形の 2 つの辺をそろえたものであり，1 辺の長さの差が 2 cm ずつとなっている。正方形イの面積が 50 cm^2 であるとき，2 つの正方形アとウの面積の差は何 cm^{2}か，求めなさい。

〈山形県〉

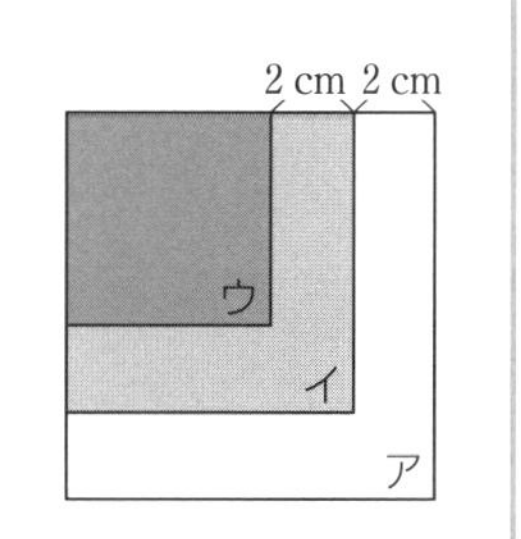

文字式の利用

例題

正答率

(1) 31%

(2) 36%

(1) $a=\frac{3}{2}$, $b=-\frac{1}{3}$ のとき，式 $6ab\div(-3a^2)\times9a^2b$ の値を求めなさい。

〈佐賀県〉

(2) 右の図のように，1辺の長さが a cmの合同な正方形ABCD，DEFGが重なっている。辺BC，EFの交点をHとしたとき，BH=b cmとなった。
このとき，図のかげ（▭）をつけた部分の面積を a，b を用いて表しなさい。

〈埼玉県〉

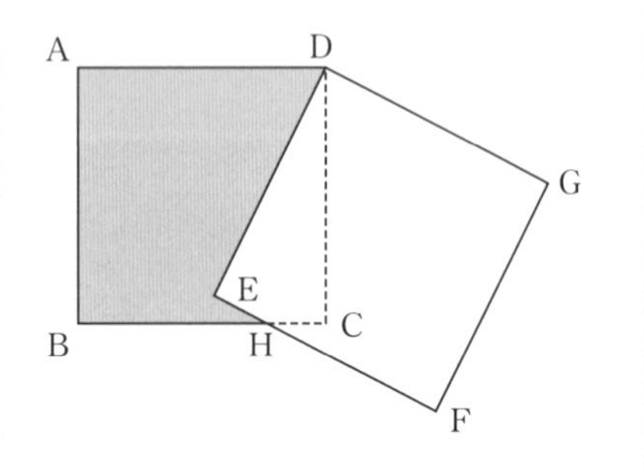

ミスの傾向と対策

(1) 式に直接値を代入することによる計算ミス，式を簡単にするときの約分のミス，符号のつけ忘れなどが考えられる。式の値を求める場合には，式全体を見て，計算が簡単になる方法を考えよう。

▶約分のミス → 分母，分子を別々に計算してから約分するとよい。

本問では，与式$=-\frac{6\times9a^3b^2}{3a^2}$ として約分する。

(2) 具体的な数値が与えられていると解ける問題でも，文字で与えられると立式できないことが考えられる。

▶まず図に，わかっていること，与えられた条件からわかることを書き込もう。→ 書き込むことにより，指針が見えてくることが多い。

▶補助線をひこう。→ 四角形DEHCの面積は，直接求めることはできないが，補助線DHをひくことで△DHCの面積がわかり，△DEHと△DCHとは合同ではないかと予測できる。

解き方

(1) 与式$=-\frac{6ab\times9a^2b}{3a^2}$

$=-\frac{6\times9a^3b^2}{3a^2}=-18ab^2$

これに a，b の値を代入して，

$-18\times\frac{3}{2}\times\left(-\frac{1}{3}\right)^2=-27\times\frac{1}{9}=-3$

(2) 直角三角形DEHとDCHは，斜辺と他の1辺がそれぞれ等しいから合同である。

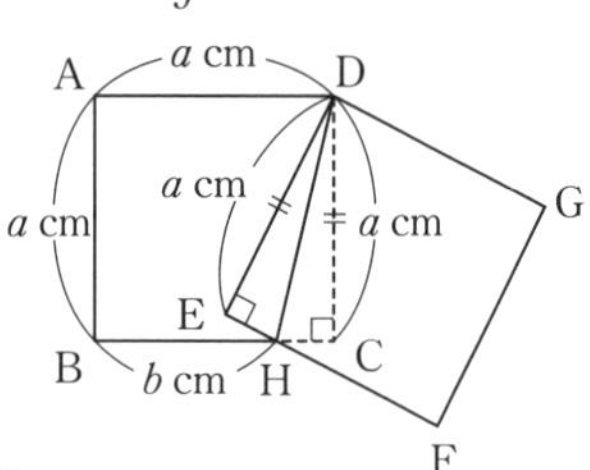

CH$=(a-b)$ cmより，

$\triangle DEH=\triangle DCH=\frac{1}{2}\times DC\times CH$

$=\frac{1}{2}\times a(a-b)=\frac{a(a-b)}{2}$ (cm²)

求める面積は，正方形ABCD$-2\triangle$DCH

$=a^2-a(a-b)=a^2-a^2+ab=ab$ (cm²)

解答 **(1)** -3 **(2)** ab cm²

入試必出！ 要点まとめ

- **式の値**…計算が簡単になるように，式を整理したり，因数分解したり，工夫してから値を代入する。
  例 $x=45$，$y=15$ のとき $x^2-y^2=(x+y)(x-y)=60\times30=1800$
  $x=\sqrt{3}+2$ のとき $x^2-4x+3=(x-3)(x-1)=(\sqrt{3}-1)(\sqrt{3}+1)=(\sqrt{3})^2-1^2=2$
- **数量を文字式で表す**…図形や関数では，わかっていることを書き出し，そのことがらを式で考える。

1

次の式の値を求めなさい。

49%　(1) $x=\sqrt{3}+2$，$y=\sqrt{3}-2$ のとき，x^2-y^2 の値　〈山梨県〉

46%　(2) $a=-3$，$b=2$ のとき，$a^2-a(2a-b)$ の値　〈長崎県〉

2

34%　a を4で割ったら，商が b で余りが1であった。a を b を用いた式で表しなさい。　〈栃木県〉

3

長方形の画用紙の4隅を画びょうでとめて掲示板に提示する。1枚だけを掲示するときは，**図1**のように4個の画びょうで4隅をとめて掲示するが，2枚以上を掲示するときは，次の規則にしたがって掲示する。ただし，掲示する画用紙の大きさはすべて同じである。

図1　⚘は，画びょう1個を表す。や，　は，画用紙が重なっている部分を表す。

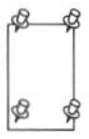

図2

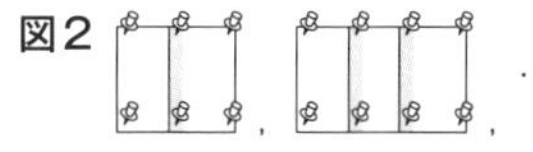

図3

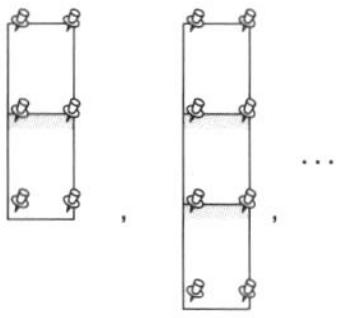

［規則］
- 掲示する画用紙の向きはすべて同じにし，横の方向と縦の方向以外には並べないものとする。
- 横に並べるときは，**図2**のように左右のとなりあう画用紙を少しの幅だけ重ねて画びょうでとめる。
- 縦に並べるときは，**図3**のように上下のとなりあう画用紙を少しの幅だけ重ねて画びょうでとめる。
- 横にも縦にも並べるときは，**図4**のように，縦に m 段，横に n 列で全体が長方形の形になるように並べ，左右や上下のとなりあう画用紙をどちらも少しの幅だけ重ねて画びょうでとめる。

図4

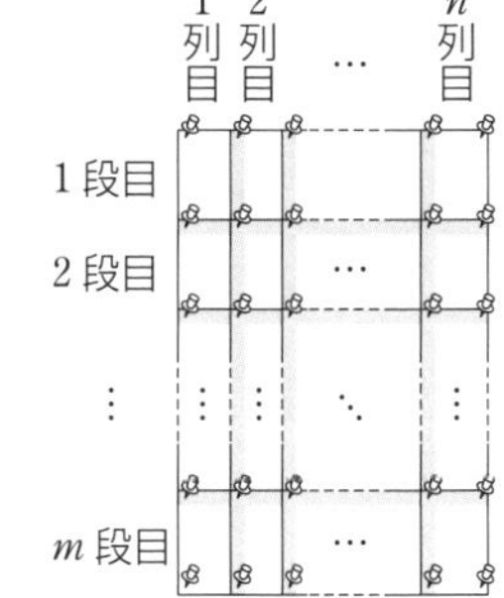

このとき，次の問いに答えなさい。

38%　(1) 何枚かの画用紙を上の規則にしたがって掲示したとき，画用紙をとめるのに使用した画びょうの個数が35個であった。このとき，掲示した画用紙は何枚であったか，求めなさい。

差がつく!!　6%　(2) **図4**のように，画用紙を縦に m 段，横に n 列で並べて掲示するときに使用する画びょうの個数は，このときと同じ枚数の画用紙を重ねずに並べ，すべての画用紙を1枚につき4個の画びょうでとめて掲示する場合に必要となる画びょうの個数より，何個少なくなるか。その個数を m，n を使って表しなさい。　〈愛媛県・改〉

文字式による説明

例題

a を一の位の数字が 0 でない 2 けたの自然数とし，b を a の十の位の数字と一の位の数字を入れかえた 2 けたの自然数とする。

次の問いに答えなさい。

(1) $a=15$ のとき，$5a+4b$ の値を求めなさい。

(2) a の十の位の数字を x，一の位の数字を y とする。

ただし，x と y は 1 から 9 までの整数とする。

次の(ア)，(イ)の問いに答えなさい。

(ア) a と b を，それぞれ x と y を使った式で表しなさい。

(イ) $5a+4b$ は 9 の倍数になる。そのわけを，(ア)で表した式を利用して説明しなさい。

〈宮城県〉

正答率

(1) 43%
差がつく!! (2)(ア) 25%
差がつく!! (2)(イ) 8%

ミスの傾向と対策

▶(2)(ア)で数量を文字で表せない → 表すものの基本にもどって考えよう。例えば十の位が 5，一の位が 3 の 2 けたの整数は，53 であるが，これは $5\times10+3$ を表している。十の位が x，一の位が y の 2 けたの整数を xy と表すまちがいが多いが，これでは $x\times y$ になってしまう。正しくは，$10x+y$ である。

▶(2)(イ)で結論をどう表したらよいのかがわからない → 9 の倍数は，9×1，9×2，9×3，…すなわち，$9\times$(整数) であることが言えればよい。

▶説明のしかたがわからない → まず与えられた条件を式に表し，それを変形していって結論にもっていく。近年，このような問題が増加の傾向にある。説明のしかたに慣れておこう。

解き方

(1) $a=15$ のとき，$b=51$ だから，

$5a+4b=5\times15+4\times51=279$

(2) (ア) $a=10x+y$，$b=10y+x$

例 $53=5\times10+3$，$35=3\times10+5$
↑↑ xy　　↑↑ yx

解答

(1) 279

(2)(ア) $a=10x+y$，$b=10y+x$

(イ) $5a+4b=5(10x+y)+4(10y+x)$

$=50x+5y+40y+4x$

$=54x+45y$

$=9(6x+5y)$

$=9\times$(整数)

よって，$5a+4b$ は 9 の倍数である。

入試必出! 要点まとめ

● **文字式による，主な数の表し方**

偶数…$2n$　奇数…$2n-1$，$2n+1$　連続する 3 つの整数…$n-1$，n，$n+1$ （n は整数）

2 けたの整数…$10a+b$　3 けたの整数…$100a+10b+c$

（a，b，c は，$1\leqq a\leqq9$，$0\leqq b\leqq9$，$0\leqq c\leqq9$ の整数）

$\sqrt{a}$ の整数部分が b のとき，小数部分…$\sqrt{a}-b$

実力チェック問題

解答・解説 別冊 P. 1

1

次の文は，ある中学校の生徒２人の会話の一部である。この文を読んで，次の問いに答えなさい。

Ａさん：　２けたの自然数を思い浮かべてみて。その２けたの数を当ててみせるよ。
Ｂさん：　じゃあ，やってみて。
Ａさん：　例えば，君が28を思い浮かべたとするよ。その数を100倍した数2800と，思い浮かべた数の十の位の数と一の位の数を入れ替えた数82を足すと，2882になるね。こんなふうに，４けたの数を作ってほしいんだ。
　まず，28以外の２けたの自然数を思い浮かべてみて。
Ｂさん：　思い浮かべたよ。
Ａさん：　次に，Ⅰ思い浮かべた数を100倍した数と，思い浮かべた数の十の位の数と一の位の数を入れ替えた数を足して，４けたの数を作ってごらん。
Ｂさん：　できたよ。
Ａさん：　その４けたの数は11の倍数になるんだ。その４けたの数を11で割った商をＸとするよ。Ｘの十の位と一の位の数を教えて。
Ｂさん：　十の位の数は［ア］で，一の位の数は７だよ。
Ａさん：　君が思い浮かべた数は，75だね。
Ｂさん：　そのとおり。でも，どうしてわかったの。
Ａさん：　実は，Ⅱ思い浮かべた数の十の位の数と，Ｘの一の位の数は同じなんだ。
Ｂさん：　じゃあ，一の位の数はどうしてわかったの。
Ａさん：　君が教えてくれたＸの十の位の数と一の位の数を足すと［イ］になるね。Ｘの十の位の数と一の位の数の和をＹとすると，Ⅲ思い浮かべた数の一の位の数と，Ｙの一の位の数は同じなんだよ。

(1)ア 43%　(1)イ 41%

(1) ［ア］，［イ］に当てはまる数を，それぞれ答えなさい。

(2)① 28%　差がつく!! (2)② 17%　差がつく!! (2)③ 1%

(2) 思い浮かべた数がどんな２けたの自然数であっても，Ａさんが話した方法で，その数を言い当てることができる。このことを確かめるために，思い浮かべた数の十の位の数をa，一の位の数をbとして，次の①～③の問いに答えなさい。
① 下線部分Ⅰの手順で４けたの数を作ると，その数はどのように表すことができるか，a，bを用いて表しなさい。
② 下線部分Ⅰの手順で４けたの数を作ると，その数は11の倍数になることを，a，bを使って説明しなさい。
③ 下線部分Ⅱ，Ⅲについて，このことがそれぞれ成り立つことを，a，bを使って説明しなさい。

〈新潟県〉

2

35%

円錐Ａと円錐Ｂがある。円錐Ｂの底面の半径は円錐Ａの底面の半径の３倍であり，円錐Ｂの高さは円錐Ａの高さの$\frac{1}{3}$倍である。円錐Ａの体積をV，円錐Ｂの体積をWとすると，$W=3V$となることの証明を，完成させなさい。
ただし，円周率はπを用いて表すこと。

(証明)円錐Ａの底面の半径をr，円錐Ａの高さをhとする。

〈福岡県〉

整数問題と平方根

例題

正答率

(1) 54%

差がつく!! (2) 16%

達也君は，1 から 10 までの自然数の和が 55 になることを知り，1 から 10 までの自然数の積についても調べてみることにした。1 から 10 までの自然数をかけた数を P として，次のように表すとき，下の(1)，(2)の問いに答えなさい。

$P=1\times2\times3\times4\times5\times6\times7\times8\times9\times10$

(1) 達也君は，この自然数 P を素因数分解して，次のように表した。a，b，c の値を求めなさい。

$P=2^a\times3^b\times5^c\times7$

(2) 達也君は，この自然数 P が因数 10 をもつことから，自然数 P の一の位の数が 0 であることに気づいた。
この自然数 P の百の位の数を，工夫して求めなさい。
ただし，その求め方も書きなさい。 〈宮崎県〉

ミスの傾向と対策

(1) 素因数分解の意味を正しく理解していないケースが考えられる。

▶素因数分解…数を素数だけの積で表すこと。同じ素数があれば，累乗の形にする。
素数は，1 とその数以外に約数をもたない数で，20 以下の素数は，2，3，5，7，11，13，17，19

例 $8=2\times2\times2\rightarrow2^3$ $18=2\times3\times3\rightarrow2\times3^2$

(2)「工夫して求めなさい」とあることに注目しよう。まともに計算しなくても，工夫できるはずである。$2\times5\times10=100$ より，2，5，10 を除いた数の積を考えて，その一の位の数を求めればよい。ここで，残りのすべての数の積を求める必要はない。一の位の数には，下の位からのくり上がりがないので，積の一の位のみに注目して計算すればよい。

例 $3\times6\times7$ の一の位の数は，$3\times6=18$ より，$8\times7=56$ の一の位の 6 となる。

解き方

(1) P を素数の積で表すと，
$P=2\times3\times2^2\times5\times2\times3\times7\times2^3\times3^2\times2\times5$ となり，2 が 8 個，3 が 4 個，5 が 2 個，7 が 1 個より，$P=2^8\times3^4\times5^2\times7$

(2) $P=2^2\times5^2\times2^6\times3^4\times7$
$=100\times(2^6\times3^4\times7)$ となるから，
$2^6\times3^4\times7$ の一の位の数のみを計算すればよい。
$2^6\times3^4\times7=64\times81\times7$
$\rightarrow4\times1\times7=28\rightarrow8$

解答

(1) $a=8$，$b=4$，$c=2$
(2) 8 （求め方は，解き方参照）

入試必出! 要点まとめ

● **よく出題される整数問題の例**

- $150\times n$ が自然数の 2 乗になる最小の自然数 n の値 → $150=2\times3\times5^2$ より，$n=2\times3=6$
- $\sqrt{\dfrac{28n}{5}}$ が自然数になる最小の自然数 n の値 → $\sqrt{\dfrac{28n}{5}}=2\sqrt{\dfrac{7n}{5}}$ より，$n=7\times5=35$
- $\sqrt{3}$ の小数部分を a とするとき，a^2+2a-8 の値 → $a=\sqrt{3}-1$ より，
$a^2+2a-8=(a+1)^2-9=(\sqrt{3})^2-9=-6$

1

次の問いに答えなさい。

47%

(1) $\sqrt{\dfrac{45n}{2}}$ の値が整数になるような自然数 n のうち，最も小さいものを求めなさい。

〈長崎県〉

40%

(2) a を自然数とするとき，$\sqrt{8-a}$ の値が自然数となるような a の値をすべて求めなさい。

〈福島県〉

31%

(3) 60 にできるだけ小さい自然数 n をかけて，その結果をある自然数の 2 乗にしたい。このときの n を求めなさい。

〈高知県〉

2

右の図のようなマス目があり，各マス目には，次の規則により，数が記入されているマス目と，数が記入されていないマス目とがある。

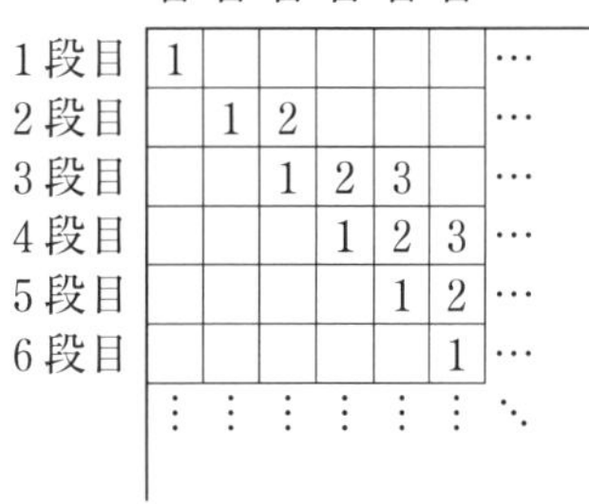

	1列目	2列目	3列目	4列目	5列目	6列目	
1段目	1						…
2段目		1	2				…
3段目			1	2	3		…
4段目				1	2	3	…
5段目					1	2	…
6段目						1	…
	⋮	⋮	⋮	⋮	⋮	⋮	⋱

［規則］

・1 段目は，1 列目のマス目に 1 が記入され，他の列のマス目には数が記入されていない。

・2 段目は，2 列目のマス目に 1，3 列目のマス目に 2 が，それぞれ記入され，他の列のマス目には数が記入されていない。

・3 段目は，3 列目のマス目に 1，4 列目のマス目に 2, 5 列目のマス目に 3 が，それぞれ記入され，他の列のマス目には数が記入されていない。

・以下同様に，m 段目は，m 列目から連続した m 個のマス目に，1 から m までの連続する自然数が，それぞれ 1 つずつ 1 から順に記入され，他の列のマス目には数が記入されていない。

このとき，次の問いに答えなさい。

41%

(1) 12 列目にあるマス目のうち，数が記入されているマス目は［ ア ］個あり，それらのマス目に記入されている数の合計は［ イ ］である。ア，イに当てはまる数を，それぞれ書きなさい。

35%

(2) 1 段目から 10 段目までにあって，1 列目から 10 列目までにあるすべてのマス目 100 個のうち，数が記入されていないマス目は何個あるか求めなさい。

差がつく!! 20%

(3) m 段目の n 列目のマス目に数が記入されているとき，その数を，m，n を使って表しなさい。

〈愛媛県・改〉

1次方程式の利用

例題

正答率 43%

Aさんは，自宅から 1100 m 離れた駅へ行くのに，はじめは毎分 70 m の速さで歩き，途中から毎分 180 m の速さで走ったところ，自宅を出発してから駅に着くまでに 11 分かかった。このとき，途中から A さんが駅まで走った時間は何分間か，求めなさい。〈新潟県〉

ミスの傾向と対策

数量間の関係を正しくとらえ，それを式に表すことの苦手な人が多いと考えられる。

▶問題文から必要事項を書き出す。

文章題では，線分図をかいたり，表をかいたりして，必要事項だけをぬき出し，整理しよう。

▶何を x にしたかを明記する。

立式するとき，求めるものを x とするとは限らないので，何を x にしたかは，必ず明記すること。本問でも，歩いた時間や歩いた道のり，走った道のりなどを x とおいて立式した場合，それをそのまま答えとしないように注意。

▶方程式を解くときの計算ミス。

式に(　)がある場合や，x の符号が − の場合の計算ミスも多い。途中の式を省略せずに，ていねいに計算しよう。

解き方

走った時間を x 分間とすると，歩いた時間は $(11-x)$ 分だから，

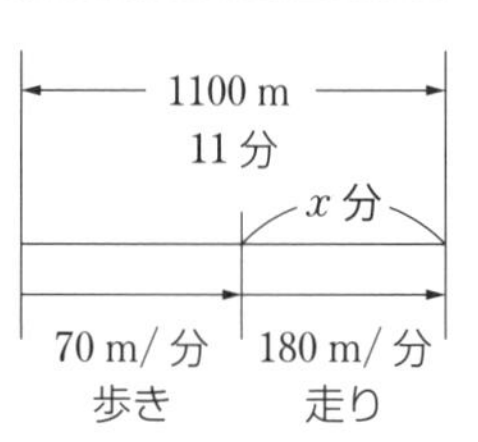

$70(11-x)+180x=1100$

両辺を 10 でわると，

$$7(11-x)+18x=110$$
$$77-7x+18x=110$$
$$11x=110-77$$
$$11x=33$$
$$x=3$$

解答　3 分間

入試必出！ 要点まとめ

- 方程式を使って解く手順
  - ① 問題文をよく読み，表や図に表す。
  - ② 何を x にするかを決め，それを明記する。
  - ③ 問題文にある数量を，x を使って表す。
  - ④ 等しい関係にある数量を，＝でつなぎ，方程式をたてる。
  - ⑤ 方程式を解く。
  - ⑥ 方程式の解が題意に合っているか調べ，答えを決定する。
  - ⑦ 答えを，単位にも気をつけて書く。
- x の決定

  一般には求める量を x とおくが，増減や割合の問題では，もとになる量を x とおくとよい。
  過不足の問題では，わからない量が 2 つあるが，数の少ないほうを x とおくとよい。

実力チェック問題

解答・解説 別冊 P. 2

1

右の〔**図 1**〕のように，横，右上がり，右下がりの 3 つの方向にそれぞれ平行な竹を，等間隔になるように編む「六ツ目編み」という編み方がある。〔**図 2**〕のように，横に置いた 4 本の竹は増やさずに，右上がり，右下がりの斜め方向に竹を加えて編んでいくことによってできる正六角形の個数について考える。横に置いた 4 本の竹と，斜め方向の 4 本の竹の合計 8 本を編むと正六角形が 1 個できる。これを 1 番目とする。1 番目の斜め方向の竹の右側に，斜め方向の竹を 2 本加えて合計 10 本を編んだものを 2 番目とする。以下，同じように，斜め方向の竹を 2 本加えて編む作業を繰り返し，3 番目，4 番目，…とする。なお〔**図 2**〕では，竹を直線で表し，太線は新しく加えた竹を表している。次の (1) ～ (3) の問いに答えなさい。

〔図 1〕

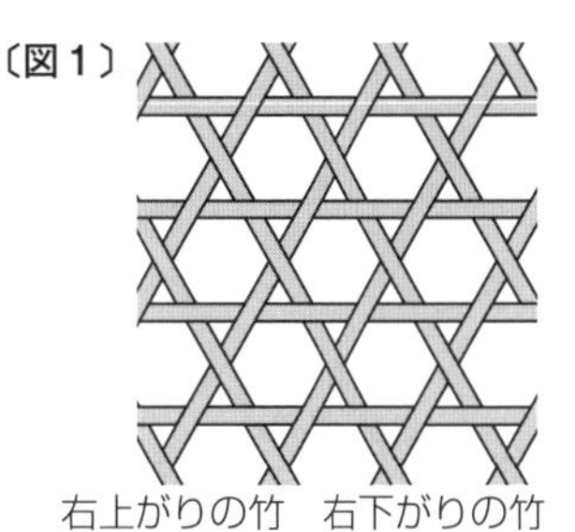

右上がりの竹　右下がりの竹

〔図 2〕

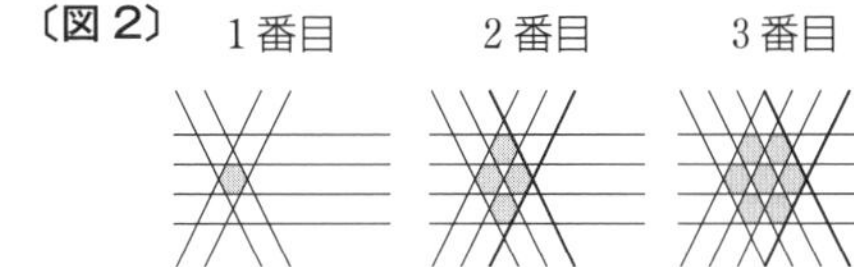
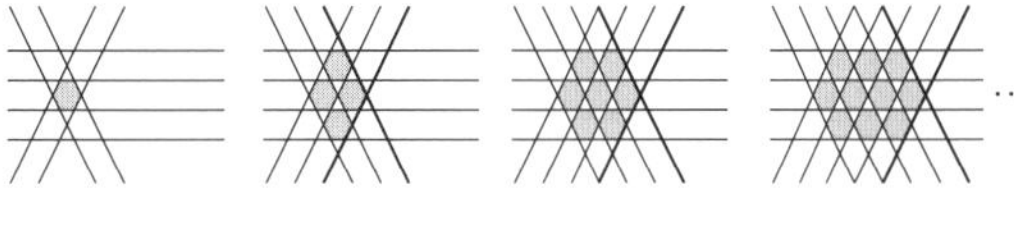

(1) 6 番目の正六角形の個数を求めなさい。

49%

(2) n 番目の正六角形の個数を n を使って表しなさい。

(3) 正六角形を 100 個つくるとき，必要な竹は全部で何本か，求めなさい。　〈大分県〉

2

姉は 1000 円，妹は 800 円を持って本屋に行った。同じ値段の本を，姉が 1 冊，妹が 2 冊買ったところ，姉の残金は妹の残金の 8 倍になった。本 1 冊の値段を求めなさい。

〈青森県〉

3

ある店でシャツ A を 2 着以上まとめて買うと，1 着目のシャツは定価のままだが，2 着目のシャツは定価の 10%引きの価格となり，3 着目以降のシャツはそれぞれ定価の 30%引きの価格となる。この店で，シャツ A をまとめて 4 着買ったところ，定価で 4 着買うより 1050 円安くなった。シャツ A の定価はいくらか。
シャツ A の定価を x 円として方程式をつくり，求めなさい。　〈北海道〉

4

百の位の数が，十の位の数より 2 大きい 3 けたの自然数がある。
この自然数の各位の数の和は 18 であり，百の位の数字と一の位の数字を入れかえてできる自然数は，はじめの自然数より 99 小さい数である。
このとき，はじめの自然数を求めなさい。　〈福島県〉

連立方程式の利用（割合）

例題

正答率

差がつく!!

6%

ある店に，定価が1個50円の商品Aが150個，定価が1個40円の商品Bが200個ある。はじめに，商品Aと商品Bを定価で売ったところ，商品Aが商品Bより8個多く売れたが，どちらも売れ残った。そこで，売れ残った商品をすべて定価の20%引きで売り出したところ，すべて売り切れた。商品Aと商品Bを，はじめに定価で売ったときの売上金額と20%引きで売ったときの売上金額の合計は，14100円であった。
はじめに定価で売ったとき，商品Aと商品Bが売れた個数をそれぞれ求めなさい。ただし，消費税は考えないものとする。また，答えだけでなく，答えを求める過程がわかるように，途中の式なども書くこと。〈長崎県〉

ミスの傾向と対策 売上金額の合計を正確に式に表すことができなかったケースが多いと考えられる。また，式における文字の係数が大きいために，計算ミスも多かったと考えられる。

▶式をことばで考えよう。

売上金額の合計＝(定価で売った金額)
＋(割り引いて売った金額)

ここで，一度に立式せずに，立式に必要な項目を，下のようにわかりやすく整理して書きだしておくとよい。

50円でa個，(50×0.8)円で$(150-a)$個
40円でb個，(40×0.8)円で$(200-b)$個

▶計算ミスに気をつけよう。

係数や項数が多いとミスをしやすいが，計算ミスをしたときに，どこでまちがえたかを確認し，次からはその点に特に注意をはらうようにしよう。

解き方 定価で売れた個数を，Aはa個，Bはb個とする。

商品Aについて，
20%引きの売値は，$50\times(1-0.2)=40$(円)
20%引きで売った個数は，$150-a$(個)
商品Bについて，
20%引きの売値は，$40\times(1-0.2)=32$(円)
20%引きで売った個数は，$200-b$(個)
定価で売った個数の関係から，
$a=b+8$ …①
売上金額の合計から，
$50a+40(150-a)+40b+32(200-b)=14100$ …②
②より，$10a+8b=1700$ …③
①と③から，$a=98$，$b=90$

解答 **A…98個，B…90個(途中の式などは，解き方参照)**

要点まとめ

● **割合の表し方**

$a\%=\frac{a}{100}$ 例 100円の5% → $100\times\frac{5}{100}=5$(円) 5%増し → $(100+5=)105\%$
5%引き → $(100-5=)95\%$

b割$=\frac{b}{10}$ 例 100人の3割 → $100\times\frac{3}{10}=30$(人) 3割増加 → 13割(1.3)
3割減少 → 7割(0.7)

● **立式の留意点**…割合の関係の立式は，基準になる量をx，yとする。

実力チェック問題

解答・解説 別冊 P. 2

1

ある中学校では，毎月1回，生徒がボランティアで学校周辺の清掃をしている。先月の参加人数は，男女あわせて70人だった。今月は先月とくらべて男子は20%減り，女子は10%増えたので，今月の参加人数は男女あわせて68人になった。
このとき，次の問いに答えなさい。

75%
(1) 先月の男子の参加人数をx人，女子の参加人数をy人として，x，yについての連立方程式を次のようにつくった。①，②にあてはまる式を求めなさい。

$$\begin{cases} \boxed{①}=70 \\ \boxed{②}=68 \end{cases}$$

46%
(2) 今月の男子と女子の参加人数をそれぞれ求めなさい。 〈佐賀県〉

2

次の問題を下の［　］のように解いた。［ア］～［エ］にあてはまる数または式を答えなさい。
問題 「ある中学校の2年生の人数は男女合わせて140人である。そのうち，男子の80%と女子の60%は運動部に所属していて，運動部に所属している男子は，運動部に所属している女子より7人多い。この中学校の2年生の男子，女子それぞれの人数を求めなさい。」

絶対落とすな!! ア 88%　イ 37%　ウ 26%　エ 26%

> 2年生の男子の人数をx人，2年生の女子の人数をy人とすると，男女合わせて140人なので，
> ［ア］=140 …………………… ①　となる。
> また，運動部に所属している男子が，運動部に所属している女子より7人多いので，
> ［イ］=7 …………………… ②　となる。
> ①と②を連立方程式として解くことにより，2年生の男子の人数は［ウ］人，2年生の女子の人数は［エ］人であることがわかる。

〈長崎県〉

3

差がつく!! 16%

ある展覧会の入場料は，おとな1人300円，子ども1人200円であり，割引券を利用すると，おとなは3割引，子どもは半額になる。
この展覧会の昨日の入場者数は，おとなと子ども合わせて250人であった。そのうち割引券を利用したのは，おとなの入場者数の50%，子どもの入場者数の70%であり，入場料の合計は55000円であった。
このとき，おとなと子どもの入場者数をそれぞれ求めなさい。
求める過程も書きなさい。 〈福島県〉

連立方程式の利用（いろいろな問題）

例題

正答率
差がつく!!
21%

美和さんが通っている中学校では，3月のある日の午前中に「3年生を送る会」を予定している。1，2年生の全6クラスで出し物の希望調査を行ったところ，劇を希望するクラスが2クラス，合唱を希望するクラスが4クラスであった。そこで，この会の実行委員である美和さんたちは，話し合いの結果，1，2年生の合計6クラスの出し物の進行の案を，次の〔Ⅰ〕～〔Ⅳ〕の条件で作ることにした。

〔Ⅰ〕 1，2年生のすべてのクラスは，それぞれ希望どおり「劇」または「合唱」のどちらかを行う。
〔Ⅱ〕 午前9時ちょうどに最初のクラスが発表を始め，午前10時30分に最後のクラスの発表が終了する。
〔Ⅲ〕「劇」と「合唱」の発表時間はそれぞれ一定とし，「劇」の発表時間は「合唱」の発表時間の1.5倍とする。
〔Ⅳ〕 幕間(まくあい)(出し物が終わって，次の出し物が始まるまでの間)は4分間とする。

このとき，劇と合唱の発表時間をそれぞれ何分間に計画すればよいか。答えを求めるまでの過程も書いて答えなさい。 〈岡山県〉

ミスの傾向と対策

▶問題文から立式できない。
出し物の順番がわからないために，立式できないケースや，出し物と幕間をセットにして，幕間を6回としてしまうミスがあったと考えられる。幕間は5回である。

▶単位を統一していない。
出し物は分単位なのに，合計の時間を1.5(時間)として計算するミスがあげられる。立式するときは，必ず単位を統一すること。

▶答えを逆にしている。
劇を10分，合唱を15分としてしまうミスも考えられる。

解き方 劇の発表時間をx分，合唱の発表時間をy分とする。
出し物は全部で6つあるから幕間は5回ある。
Ⅲより，$x=1.5y$
9時から10時30分までは90分あるから，
$2x+4y+4\times5=90 \rightarrow x+2y=35$
よって，$\begin{cases} x=1.5y \\ x+2y=35 \end{cases}$
$x=15$，$y=10$

解答 **劇…15分，合唱…10分(求めるまでの過程は，解き方参照)**

入試必出! 要点まとめ

- 連立方程式では，等しい関係にある量を2つ見つけて立式する。
  - 個数と代金の問題 → 個数に関する式と，代金に関する式をつくる。
  - 速さと道のりの問題 → 道のり＝(速さ)×(時間)，時間＝$\frac{(道のり)}{(速さ)}$，速さ＝$\frac{(道のり)}{(時間)}$ の関係を使って立式する。
  - 過不足の問題 → 画用紙を1人にx枚ずつy人に配ったらa枚足りない → 画用紙は，$(xy-a)$枚

実力チェック問題

解答・解説 別冊 P. 3

1 33%

くだもの屋さんが，仕入れた 210 個のみかんを販売するため，1 個も余らないように，みかんを 4 個入れた袋と 6 個入れた袋をそれぞれ何袋かつくった。このとき，6 個入れた袋の数は，4 個入れた袋の数の 2 倍より 3 袋多くなった。4 個入れた袋と 6 個入れた袋は，それぞれ何袋できたか。
4 個入れた袋の数を x 袋，6 個入れた袋の数を y 袋として方程式をつくり，求めなさい。

〈北海道〉

2 27%

2 けたの正の整数がある。その十の位の数と一の位の数を入れかえてできる 2 けたの整数は，もとの整数の 2 倍より 1 小さい。また，もとの整数の一の位の数より 2 大きい数を 3 で割ると，割り切れて，商がもとの整数の十の位の数と等しくなる。もとの整数の十の位の数を x，一の位の数を y として，連立方程式をつくり，それを解いてもとの整数を求めなさい。

〈愛媛県〉

3

校内球技大会のバスケットボールの試合で A 組と B 組が対戦し，17 点差で A 組が勝った。
A 組は，成功させたシュートの本数のうち 2 本が 3 点シュートで，残りはすべて 2 点シュートであった。
B 組は，成功させたシュートの本数が A 組より 9 本少なかった。また，B 組が成功させたシュートの本数の $\frac{1}{5}$ が 3 点シュートで，残りはすべて 2 点シュートであった。
このとき，A 組が成功させたシュートの本数と A 組の得点を求めなさい。
求める過程も書きなさい。

〈福島県〉

2次方程式と図形

例題

正答率 (1) 51% (2) 31% (3) 36%

右の図のように，長方形の土地に，花だん A，花だん B，およびそのまわりに通路をつくることにした。花だん A は長方形，花だん B は正方形とし，花だん B の横の長さは花だん A の横の長さの 2 倍，2 つの花だんの縦の長さは同じとする。また，通路の幅はすべて 1 m とする。

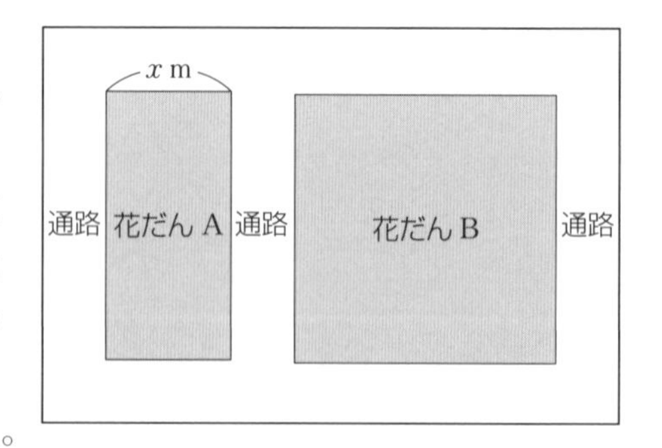

花だん A の横の長さを x m とするとき，次の(1)〜(3)の各問いに答えなさい。

(1) 長方形の土地の横の長さを x を使った式で表しなさい。

(2) 花だん A の面積を 8 m^2 とするとき，長方形の土地の横の長さを求めなさい。

(3) 長方形の土地全体の面積を 96 m^2 とするとき，花だん A の横の長さを求めなさい。
ただし，x についての方程式をつくり，答えを求めるまでの過程も書きなさい。 〈佐賀県〉

ミスの傾向と対策

▶与えられた x を用いて正しく立式できない。

方程式の問題では，正しく立式できないケースが多い。問題文をよく読み，書かれていることを，図や表に表してみよう。
ここでは，縦の長さがわからなくて立式できない，花だんの上下の土地の幅がわからなくて立式できないといったケースが考えられる。花だんの縦の長さについては言及していないが，花だん B が正方形であることから，縦の長さも x を用いて表すことができる。問題文に書かれている条件は，問題を解くのに必要なはずである。条件を見落とさないようにしよう。また，花だんの上下の土地も通路だから，幅は 1 m である。

▶問題を正しく読みとれない。

(3) では，花だんの合計の面積を 96 m^2 と勘ちがいをしているケースが考えられる。問題文は最後まで，落ち着いて読もう。

解き方

(1) 花だん B の横の長さは $2x$ m，通路は 1 m 幅が 3 本あるから，長方形の土地の横の長さは，

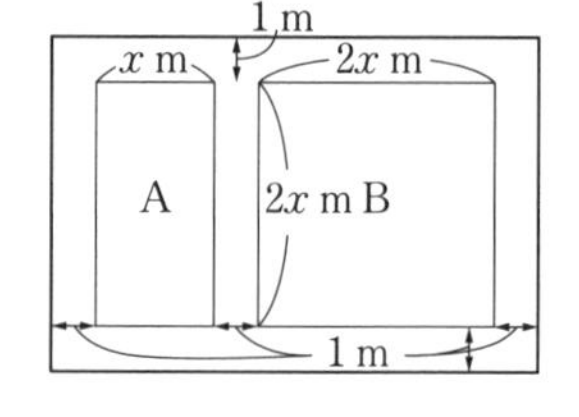

$x+2x+1\times3=3x+3$ (m)

(2) 花だん B は正方形だから，縦の長さは $2x$ m
よって，$x\times2x=8$，$x>0$ より $x=2$
長方形の土地の横の長さは，$3\times2+3=9$ (m)

(3) 長方形の土地の縦の長さは，$(2x+2)$ m より，
$(3x+3)\times(2x+2)=96$
両辺を 6 でわると，$(x+1)(x+1)=16$
$(x+1)^2=16$，$x+1=\pm4$ → $x=3$，-5
$x>0$ より，$x=3$

解答

(1) $(3x+3)$ m (2) 9 m
(3) $(3x+3)(2x+2)=96$ 答え 3 m

入試必出！ 要点まとめ

● **2 次方程式の文章題の解き方**

① 問題文をよく読み，題意をつかむ。
② 何を x で表すかを決定し，それを明記する。
③ 問題文の中の，等しい関係にある数量を，x を使って式に表す。
④ ③でたてた式を解く。
⑤ ④で求めた解が題意に合っているか調べて，答えを書く。（2 次方程式では，特に解の吟味が必要）

1

図1のような1辺の長さが14 mの正方形の花だんがある。斜線部分の，4つの合同な直角三角形の土地には赤い花を植え，残りの四角形の土地には黄色い花を植える。このとき，黄色い花を植える土地の面積を100 m^{2}にすることを，次郎さんとよし子さんはそれぞれ考えた。

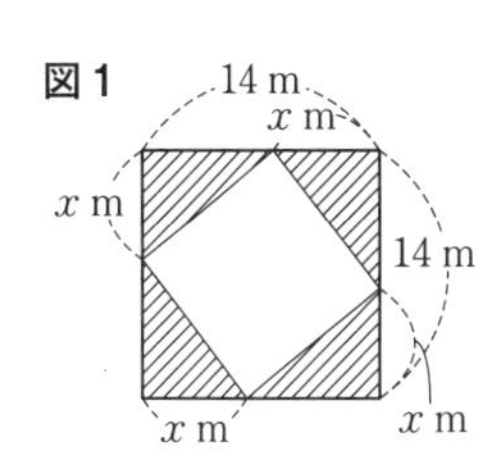

(1) 65%
(2)ア 75%
(2)イ 46%
(2)ウエ 41%
(2)オ 47%
(2)カ 50%
(2)キ 29%

(1) 斜線部分の土地の面積を何 m^{2}にすればよいか求めなさい。

(2) **図1**の直角三角形の土地の，直角をはさむ2辺のうち短いほうの辺の長さをx mとして，次郎さんとよし子さんは，斜線部分の土地の面積を使って，それぞれ次のように考えて方程式をつくった。
ア，ウ，エ，カにはxの1次式を，イ，オ，キには数を，それぞれあてはまるように書きなさい。

次郎さんの考え

図1の1つの直角三角形の面積をxを使った式で表すと，
$\frac{1}{2}x($ ア $)$ m^2 であるから，xについての2次方程式をつくると，
$\frac{1}{2}x($ ア $)=$ イ となる。左辺を展開して，
$x^2+bx+c=0$
の形にした2次方程式の左辺を因数分解することによって，
$($ ウ $)($ エ $)=0$ となる。

よし子さんの考え

1辺の長さが14 mの正方形の中に，**図1**の直角三角形と合同な直角三角形を，**図2**の黒く塗った部分のように8つしきつめる。この黒く塗った部分の面積は，**図1**の斜線部分の面積の2倍だから，**図2**のまん中の白い正方形の面積は オ m^{2}である。

また，この白い正方形の1辺の長さをxを使った式で表すと，(カ) mであるから，xについての1次方程式をつくると， カ $=$ キ となる。

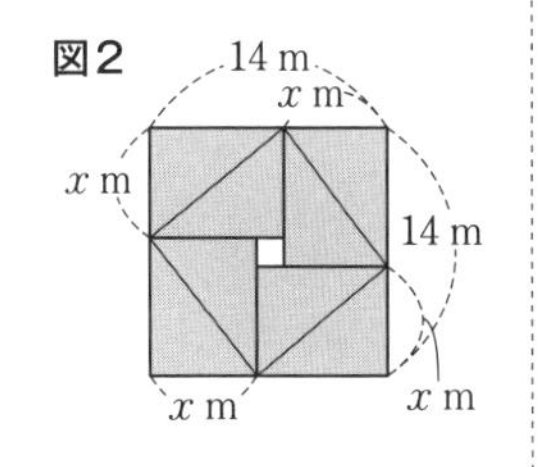

51%

(3) **図1**の直角三角形の土地の，直角をはさむ2辺のうち短いほうの辺の長さを何 mにすればよいか求めなさい。

〈岐阜県〉

2

差がつく!! 20%

右の図は，大きさの異なる3つの正方形ア，イ，ウを，大きいものから順に重ね，これらの正方形の2つの辺をそろえたものであり，1辺の長さの差が2 cmずつとなっている。正方形イの面積が50 cm^{2}であるとき，2つの正方形アとウの面積の差は何 cm^{2}か，求めなさい。

〈山形県〉

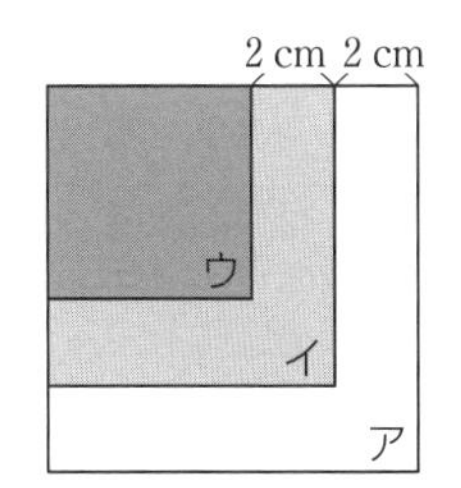

2次方程式の利用

例題

正答率
(1) 51%
(2) 43%
(3) 43%

次の表は，1から50までの連続する自然数を，上から下へ5つずつ，左から右へ，順に並べたものである。

1	6	11	16	21	26	31	36	41	46
2	7	12	17	22	27	32	37	42	47
3	8	13	18	23	28	33	38	43	48
4	9	14	19	24	29	34	39	44	49
5	10	15	20	25	30	35	40	45	50

明さんは，この表から「縦に並んだ連続する3つの自然数で，$3^2+4^2=5^2$のように，小さいほうの2数の2乗の和が，最も大きい数の2乗と等しくなる場合がある」ことを見つけた。

次に，明さんは，表で□の12，17，22や24，29，34などのような順に，横に並んだ3つの自然数に着目した。そして「横に並んだ3つの自然数で，小さい方の2数の2乗の和が，最も大きい数の2乗と等しくなる場合はあるだろうか」という疑問をもち，最も小さい数をxとして，2次方程式をつくって考えることにした。

(1) 横に並んだ3つの自然数のうち，最も大きい数を，xを用いた文字の式で表しなさい。

(2) xについての2次方程式をつくりなさい。

(3) 小さい方の2数の2乗の和が，最も大きい数の2乗と等しくなる横に並んだ3つの自然数を求め，左から小さい順に書きなさい。〈長野県〉

ミスの傾向と対策

▶正しく立式できない。

(1)では，表をよく確かめずに，連続する数をx，$x+1$，$x+2$としてしまう。

(2)では，まん中の数をxとおきなおしてしまい，$(x-5)^2+x^2=(x+5)^2$としてしまう。問題を落ち着いて読み，題意を正しく読み取ることが大切である。また，因数分解では，もう一度展開して，正しく因数分解できているか，確認しよう。

解き方

(1) 横に並んだ3つの数は，順に5ずつ大きくなっている。

(2) まん中の数は，$x+5$と表されるから，

$x^2+(x+5)^2=(x+10)^2$

(3) **(2)**の式を展開，整理すると，

$x^2-10x-75=0$より，$(x+5)(x-15)=0$

$x>0$より，$x=15$　よって，15，20，25

解答

(1) $x+10$　**(2)** $x^2+(x+5)^2=(x+10)^2$

(3) 15，20，25

要点まとめ

● **2次方程式の文章題を解く手順**

1次方程式や連立方程式の場合と同様に，問題をよく読む→何をxにするか決める→方程式をたてる→方程式を解く→方程式の解が題意に適しているか，確認して答えを書く。

● **2次方程式の文章題の解**

2次方程式では，ほとんどの場合に解が2つでるが，2つとも解として適しているとは限らない。

長方形の土地にx mの幅の道をつくる→xは長方形の辺の長さより長くないか。

差がaの2つの自然数のうち大きいほうを求める→小さいほうの数を求めていないか。

等，答えが題意に合っているか，必ず確認すること。

1　37%

2次方程式 $x^2-7x+a=0$ の解の1つは -3 であり，もう1つは x の1次方程式 $2x+a+5b=0$ の解になっている。このとき，a，b の値を求めなさい。ただし，途中の計算も書くこと。 〈栃木県〉

2

1辺の長さが1 cmの正方形の黒いタイルを重ならないようにすき間なくしきつめて，1辺の長さが n cmの正方形をつくる。
次に，しきつめたタイルのうち，4つの辺がすべて他のタイルと接しているタイルの中から1つだけを，他のタイルが動かないように取り除く。
この状態で，となりあう2つのタイルが接している1 cmの辺の部分を「共通な辺」と呼ぶこととし，その「共通な辺」の中点に小さな白い丸シールを1枚はりつける。このように，すべての「共通な辺」に小さな白い丸シールを1枚ずつはりつけ，そのシールの枚数を調べることにする。ただし，n は3以上の整数とする。
次の表は，$n=3$，$n=4$ のときの，図の例とはりつけた小さな白い丸シールの枚数を示したものである。

n の値	3	4
図の例	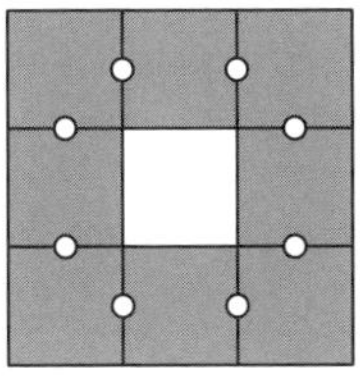	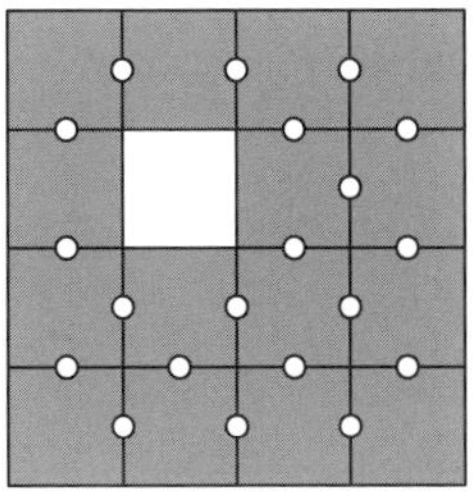
はりつけた小さな白い丸シールの枚数(枚)	8	20

このとき，次の問いに答えなさい。

(1)　70%　$n=5$ のとき，はりつけた小さな白い丸シールの枚数を求めなさい。

(2)　35%　はりつけた小さな白い丸シールの枚数が308のとき，n の値を求めなさい。〈神奈川県〉

3　差がつく!!　14%

2けたの自然数がある。この自然数の一の位の数は十の位の数より3小さい。また，十の位の数の2乗は，もとの自然数より15小さい。もとの自然数の十の位の数を a として方程式をつくり，もとの自然数を求めなさい。 〈栃木県〉

比例・反比例

例題

右の図のように，点 A(2, −3) を通る関数 $y=ax$ のグラフがある。この関数について，x の変域が $-3 \leqq x \leqq 4$ のとき，y の変域を求めなさい。

〈広島県〉

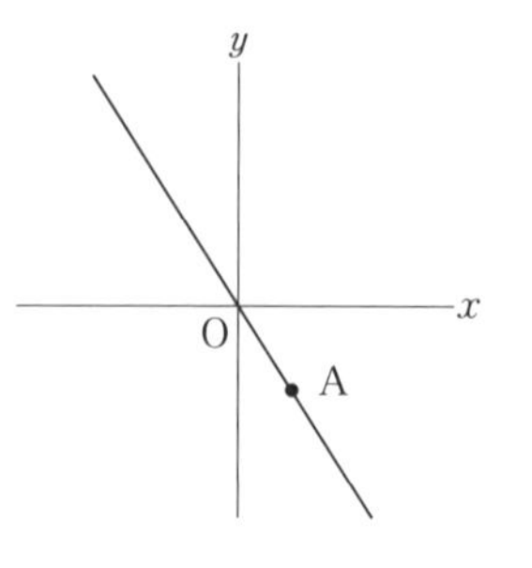

正答率

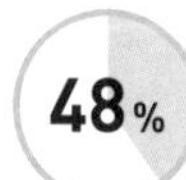

ミスの傾向と対策

▶不等式の表記が正しくない。

ここでのまちがいの多くは，$\frac{9}{2} \leqq y \leqq -6$ という答えであると考えられる。これは，x の値を機械的に代入し，不等号の向きを変えずに書いてしまったケースである。グラフは右下がりの直線なので，x の値が大きくなると，y の値は小さくなる。

$y=ax\ (a<0)$ のとき

$m \leqq x \leqq n$

$an \leqq y \leqq am$

この問題のようにグラフが示されていれば気づく場合もあるが，式だけのときには，特に注意が必要である。

▶代入する値をまちがえる。

変域を求めるときに，$x=4$ を代入するところを，A の座標の値から，$x=2$ を代入してしまうまちがいも考えられる。何を求めるのか，求めるものに線をひいておくのも有効である。

解き方

グラフは点 A を通るから，

$y=ax$ に $x=2$, $y=-3$ を代入して，

$-3=2a$, $a=-\frac{3}{2}$

グラフは右下がりだから，y は $x=-3$ のとき最大で，

$y=-\frac{3}{2}\times(-3)=\frac{9}{2}$

また，y は，$x=4$ のとき最小で，

$y=-\frac{3}{2}\times 4=-6$

よって，$-6 \leqq y \leqq \frac{9}{2}$

解答 $-6 \leqq y \leqq \frac{9}{2}$

入試必出！ 要点まとめ

● **比例**…x と y の関係が $y=ax$ (a は定数) で表されるとき，y は x に比例しているといい，x の値が 2 倍，3 倍，…になると，y の値も 2 倍，3 倍，…になる。
グラフは右の**図 1** のような，原点を通る直線になる。

● **反比例**…x と y の関係が $y=\frac{a}{x}$ (a は定数) で表されるとき，y は x に反比例しているといい，x の値が 2 倍，3 倍，…になると，y の値は $\frac{1}{2}$, $\frac{1}{3}$, …になる。
グラフは右の**図 2** のような，双曲線になる。

図 1

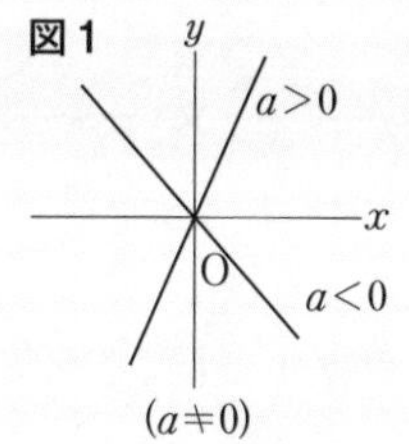

図 2

y
a<0　a>0
O　x
a>0　a<0
($a \neq 0$)

実力チェック問題

解答・解説 別冊 P. 4

1

電子レンジで食品 A を調理するとき，電子レンジの出力を x W，食品 A の調理にかかる時間を y 分とすると，y は x に反比例する。電子レンジの出力が 500 W のとき，食品 A の調理にかかる時間は 8 分である。次の (1)，(2) の問いに答えなさい。

64%
(1) y を x の式で表しなさい。

42%
(2) 電子レンジの出力が 600 W のとき，食品 A の調理にかかる時間は，何分何秒であるかを求めなさい。〈岐阜県〉

2

高さが 5 cm，体積が 20 cm^3 である直方体の縦の長さを x cm，横の長さを y cm とする。

56%
(1) y を x の式で表しなさい。

48%
(2) x と y の関係を表すグラフを右の図にかきなさい。〈福島県〉

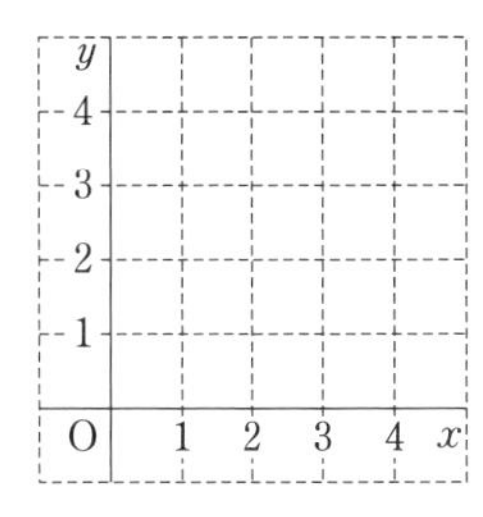

3

38%
次の①～④のうち，y が x に反比例するものを 1 つ選び，その番号を書きなさい。

① 1 本 60 円の鉛筆を x 本買ったとき，代金は y 円である。

② 長さ 10 m のロープから x m のロープを 4 本切り取ったとき，残りのロープの長さは y m である。

③ 面積が 10 cm^2 の長方形の縦の長さを x cm，横の長さを y cm とする。

④ 周の長さが 8 cm の長方形の縦の長さを x cm，横の長さを y cm とする。〈長崎県〉

4

差がつく!! 11%

右の図のように，x の変域を $x>0$ とする関数 $y=\frac{18}{x}$ のグラフ上に 2 点 A，B がある。2 点 A，B から x 軸にそれぞれ垂線 AC，BD をひく。線分 AC 上に BE⊥AC となるように点 E をとる。点 A の x 座標が 2，四角形 BECD の面積が 10 のとき，点 B の座標を求めなさい。〈広島県〉

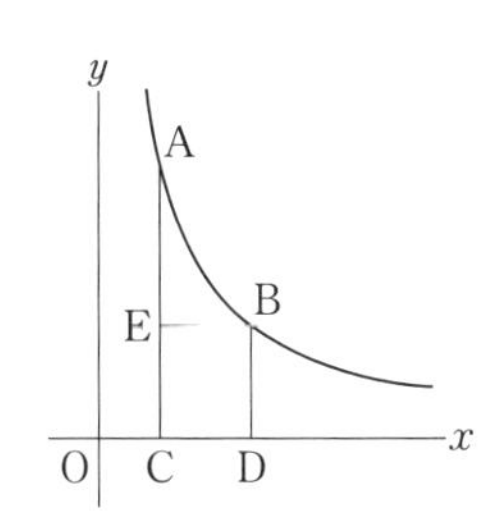

1 次関数とグラフ

例題

正答率 差がつく!! 11%

右の図のように，2 点 A(1，4)，B(3，1) がある。y 軸上に点 P をとり，AP+PB の長さを考える。AP+PB の長さが最も短くなるとき，点 P の座標を求めなさい。 〈埼玉県〉

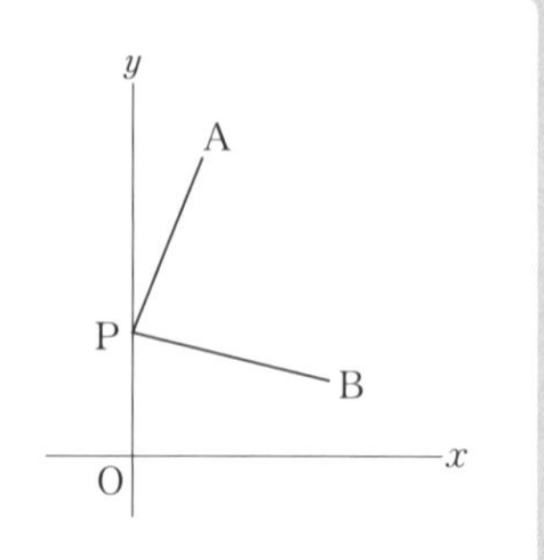

ミスの傾向と対策

▶AP+PB を最短にするやり方がわからない。

AP=PB のときが最短になると考えた誤答が考えられる。どのような状態にあるときが最短になるのかが理解できていないためのミスである。

2 点を結ぶ線の長さは，直線が一番短いから，AP+PB を直線におきかえることを考えればよい。右の解説では，点 B′ をとったが，点 A′(−1，4) をとって，A′B と y 軸との交点を求めても同じである。

▶点 P の x 座標が 0 になっていない。

点 P の x 座標が 0 でないという基本的ミスにも注意しよう。

最短の長さの問題は，空間図形でもよく出題される。「線分の長さの和を最短に」とあったら，それを直線になおすことを，まず考える。

解き方

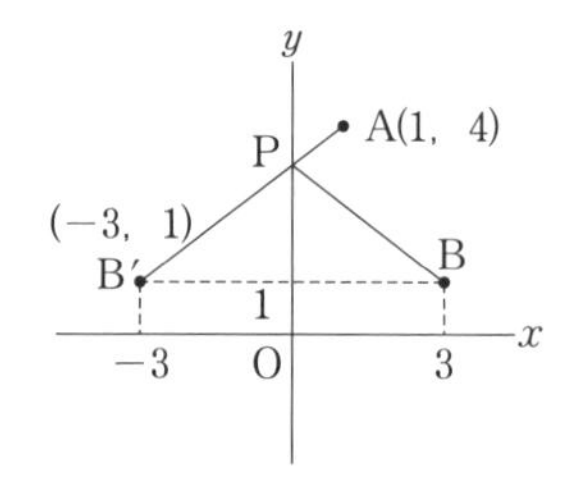

点 B(3，1) と y 軸について対称な点 B′(−3，1) をとり，A と B′ を結び，y 軸との交点を P とすると，PB=PB′ であるから，AP+PB=AP+PB′=AB′ となり，この点 P が求める点になる。したがって，2 点 A(1，4)，B′(−3，1) を通る直線の式を求める。

求める式を $y=ax+b$ とおいて，それぞれ x 座標，y 座標の値を代入すると，

$$\begin{cases} 4=a+b \\ 1=-3a+b \end{cases}$$ これを解いて，$a=\frac{3}{4}$，$b=\frac{13}{4}$

点 P はこの直線と y 軸との交点だから，$\left(0,\ \frac{13}{4}\right)$

(別解) 直線 AB′ の傾きを先に求めると，

$\frac{4-1}{1-(-3)}=\frac{3}{4}$ より，$y=\frac{3}{4}x+b$ とおいて，点 A または点 B′ の x 座標，y 座標の値を代入して b を求めてもよい。

解答 $\left(0,\ \frac{13}{4}\right)$

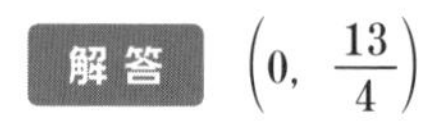

入試必出! 要点まとめ

● **1 次関数 $y=ax+b$**

a…変化の割合$=\frac{y\text{の増加量}}{x\text{の増加量}}$=一定 (グラフの傾きを表す)

b…グラフと y 軸との交点 (グラフの切片を表す)

● **直線の式の求め方**

傾きと通る 1 つの点の座標がわかっている。→ 通る点の x 座標，y 座標の値を直線の式に代入して b を求める。

通る 2 点がわかっている。→ それぞれの x 座標，y 座標の値を代入して，a，b についての連立方程式を解く。

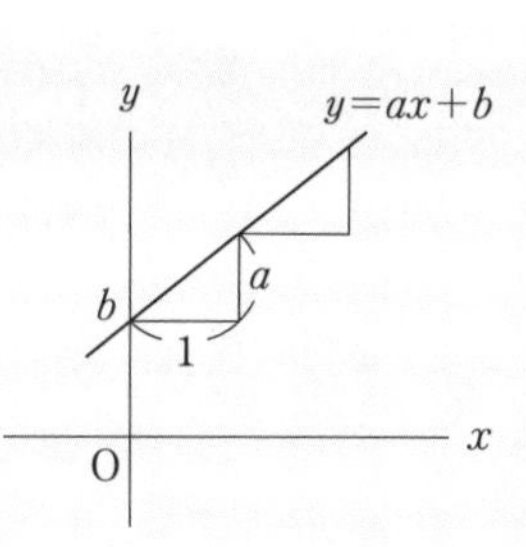

実力チェック問題

解答・解説 別冊 P. 4

1 次の問いに答えなさい。

37% (1) 点(4, 5)を通り，切片が3の直線ℓがある。直線ℓとx軸との交点の座標を求めなさい。〈愛媛県〉

35% (2) x軸との交点のx座標が5，直線 $y=3x+1$ との交点のx座標が1である直線の式を求めなさい。〈青森県〉

差がつく!! 23% (3) yがxの関数であり，$y=3x-4$ という関係が成り立つとき，次のア～オのうち，正しいものをすべて選び，記号を書きなさい。

ア　yはxに比例する。
イ　yはxに反比例する。
ウ　変化の割合が一定である。
エ　xの値が増加すれば，yの値は減少する。
オ　xの値を一つ決めれば，yの値がただ一つ決まる。〈大阪府〉

2 差がつく!! 13%

右の図のように，直線 $y=-x+5$ とx軸，y軸との交点をそれぞれA，Bとし，線分OBの中点をMとする。また，原点Oを通り直線MAに垂直な直線と，直線 $y=-x+5$ との交点をPとする。
このとき，点Pの座標を求めなさい。〈埼玉県〉

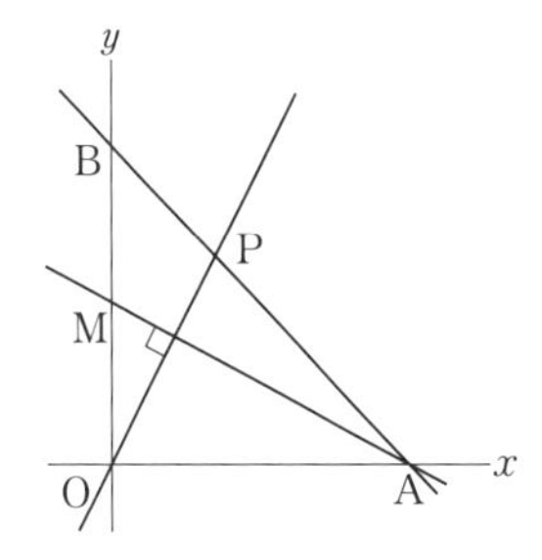

3

右の図のように，関数 $y=\dfrac{6}{x}$ のグラフと2点A(0, -1)，B(a, 0)がある。直線ABと関数 $y=\dfrac{6}{x}$ のグラフとの交点のうち，x座標が小さい方をC，大きい方をDとする。ただし，$a>0$ とする。
これについて，次の問いに答えなさい。

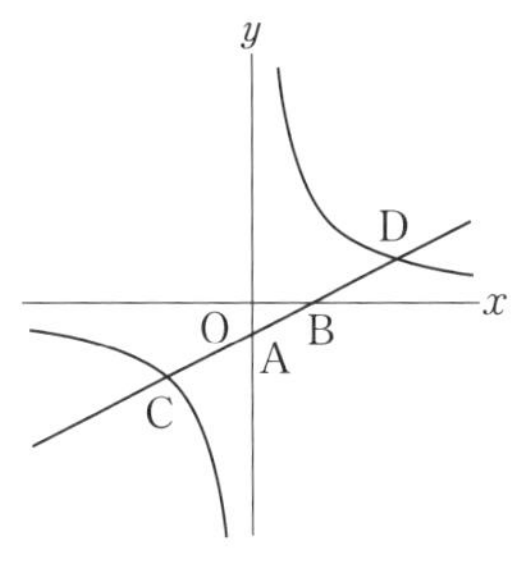

52% (1) $a=2$ のとき，直線ABの式を求めなさい。

差がつく!! 17% (2) 点Cのx座標，y座標がともに整数となるようなaの値は何個あるか求めなさい。

差がつく!! 4% (3) AB：BD＝2：3 となるとき，aの値を求めなさい。〈広島県〉

1次関数の利用（速さと時間）

例題

正答率
(1) 38%
(2) 28%
差がつく!!
(3) 1%

Aさんと B さんの学校は駅から 840 m 離れている。A さんは学校を出発し，毎分 60 m の速さで学校と駅の間を休まず1往復した。B さんは A さんが学校を出発したのと同じ時刻に駅を出発し，毎分 80 m の速さで駅と学校の間を休まず1往復した。

右の図は，A さんと B さんが出発してから x 分後に駅から y m の地点にいるとして，x と y の関係をグラフに表したものである。次の問いに答えなさい。

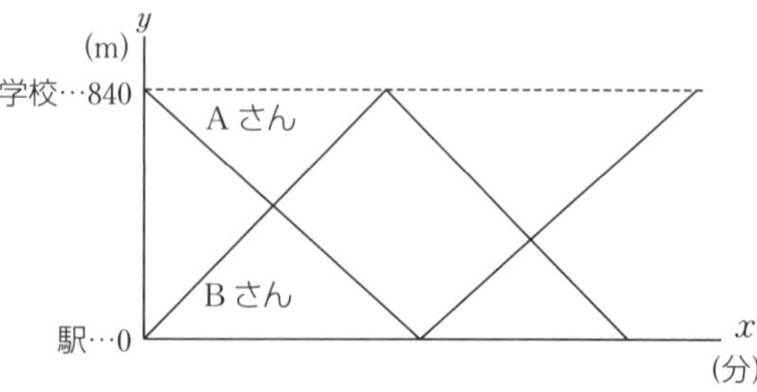

(1) A さんが B さんと1回目に出会うのは，出発してから何分後か求めなさい。
(2) A さんが学校に着くのは，B さんが駅に着いてから何分後か求めなさい。
(3) 駅と学校の間に立っている先生は A さんと B さんに2回ずつ出会った。先生が A さんと出会った1回目から2回目までの時間は，B さんの場合のちょうど2倍だった。先生が立っている地点は駅から何 m か求めなさい。

〈青森県〉

ミスの傾向と対策

▶ A さんと B さんが1回目に出会った時間を正しく求められない。

グラフを見て，だいたい中間点ととったのであろうか。駅と学校の中間点を答えてしまうミスがあげられる。ここでは2人の速度がわかっているので，グラフの式は簡単に求められるが，道のりと速さの関係から式を立てて求めたほうが簡単である。

▶ (2)で，正しい時間を求められない。

A さんは学校を出て学校へ戻り，B さんは駅を出て駅に戻っているのであるが，片道だけの時間の差を求めた解答が多いとみられる。問題を，グラフと照らし合わせて読めば，このようなミスは防げるであろう。

▶ (3)で式がたてられない。

ここでは，先生のいる位置を $y=a$ とおいて，2人のグラフとの交点の x 座標を a の式で表す。
2回目に出会う時間は，グラフとの交点を求めずに，A さん, B さんのグラフがそれぞれ，$x=14$，$x=10.5$ について対称であることを用いればよい。
☆ x 軸に時間，y 軸に道のりをとったグラフでは，
直線の傾き$=\dfrac{(\text{道のり})}{(\text{時間})}=$速さである。

解き方

(1) 2人は毎分 $(60+80=)140$m ずつ近づくから，$840\div140=6$（分後）

(2) A さんは学校まで，$840\times2\div60=28$（分）かかる。B さんは駅まで，$840\times2\div80=21$（分）かかる。よって，$28-21=7$（分後）

(3) 先生のいる位置を，駅から amとする。A さんと1回目に出会ったのを x 分後とすると，

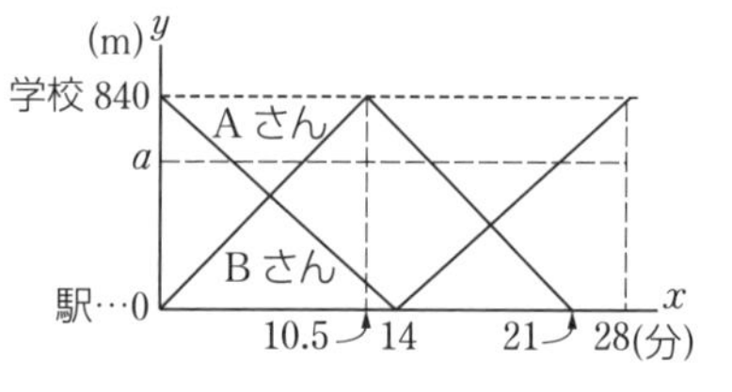

$840-60x=a$ より，$x=14-\dfrac{a}{60}$（分）

2回目に出会うのは，$(14-x)\times2=\dfrac{a}{30}$（分後）…①

B さんと1回目に出会ったのを x' 分後とすると，

$80x'=a$ より，$x'=\dfrac{a}{80}$（分），2回目に出会うのは，

$(10.5-x')\times2=21-\dfrac{a}{40}$（分後）…②

①＝②×2 より $\dfrac{a}{30}=42-\dfrac{a}{20}$

$2a=60\times42-3a$ より，$a=504$

解答 (1) 6分後　(2) 7分後　(3) 504 m

1

由美さんの家から本屋までは一本道で，途中に橋と花屋があり，各区間の道のりと橋の長さは**図1**のとおりである。由美さんは，姉といっしょに自転車で家を午前 9 時30分に出発し，本屋と花屋で買い物をして帰宅した。**図2**は，由美さんが家を出てからの経過時間 x 分と，由美さんのいる地点から家までの道のり y km の関係を表している。次の問いに答えなさい。

図1

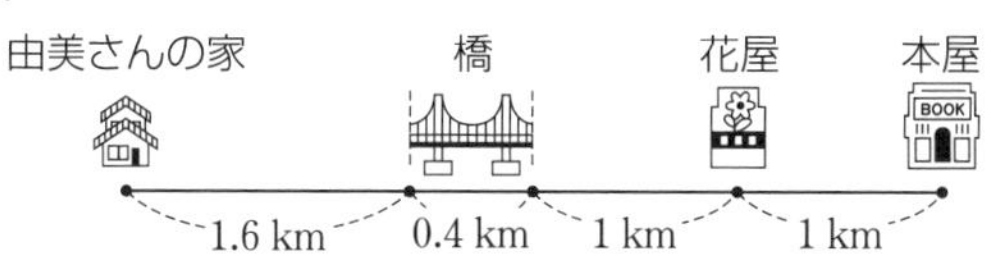

図2

y (km)　4　3　O　30　75　85　100　130　x (分)

57%
(1) 由美さんが本屋と花屋で買い物をしていた時間は合計何分か。求めなさい。

差がつく!! 16%
(2) 由美さんが本屋を出て花屋に到着するまでについて，y を x の式で表しなさい。

差がつく!! 14%
(3) 由美さんの弟は，毎時 9 km の速さで家から本屋に向かったところ，ちょうど本屋から来た由美さんと花屋の前で出会った。弟が家を出た時刻を求めなさい。

差がつく!! 3%
(4) 由美さんの姉は，花の代金の支払いをしたので，由美さんより a 分遅れて花屋を出発し，毎時 12 km の速さで家に向かった。姉が橋の上(両端をふくむ)で由美さんに追いつくとき，a の値の範囲を求めなさい。

〈滋賀県〉

2

図1のように，長さ 9 cm の線分 AB 上を動く長さ 1 cm の線分 PQ がある。P が A と一致している状態から線分 PQ は出発し，A から B に向かって毎秒 1 cm の速さで進む。線分 PQ は Q が B と一致すると，B から A に向かって毎秒 2 cm の速さで進み，ふたたび P が A と一致すると停止する。

このとき，次の問いに答えなさい。

図1

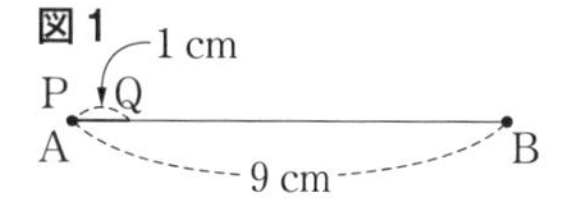

図2

y (cm)　10　5　O　5　10　15　x (秒)

40%
(1) 線分 PQ が出発してから 5 秒後の，A から Q までの距離を求めなさい。

差がつく!! 24%
(2) 線分 PQ が出発してから x 秒後の，A から P までの距離を y cm とする。**図2**のグラフは，線分 PQ が出発してから 2 秒後までの x と y の関係を表したものである。線分 PQ が出発して 2 秒後から停止するまでの x と y の関係を表すグラフをかきなさい。

差がつく!! 1%
(3) 線分 AB 上を長さ 3 cm の線分 RS も動く。線分 RS は，**図3**のように S が B と一致している状態から，線分 PQ が出発すると同時に出発し，B から A に向かって毎秒 1 cm の速さで進む。線分 RS は R が A と一致すると，A から B に向かって毎秒 1 cm の速さで進み，ふたたび S が B と一致すると停止する。

図3

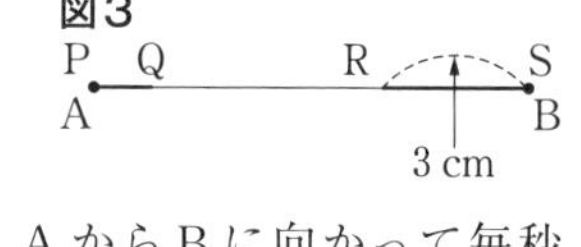

このとき，次の①，②の問いに答えなさい。

① Q と R が 2 回目に一致するのは，2 つの線分が出発してから何秒後か求めなさい。ただし，途中の計算も書くこと。

② 2 つの線分が出発してから停止するまでに，線分 PQ のすべてが線分 RS と重なっている時間の合計を求めなさい。

〈栃木県〉

1 次関数のグラフの利用

例題

正答率
(1) 41%
差がつく!! (2)① 12%
差がつく!! (2)② 17%
差がつく!! (3) 4%

下の**図1**のように，縦 30 cm，横 40 cm，高さ 20 cm の直方体の形をした空(から)の水そうがある。この中に，高さ 12 cm の直方体の鉄のおもりを，水そうの底とのすき間ができないように置き，毎分 600 cm^3 の割合で，水そうがいっぱいになるまで水を入れる。

水を入れ始めてから x 分後の，水そうの底から水面までの高さを y cm とする。下の**図2**は，水を入れ始めてから 10 分後までの，x と y の関係をグラフに表したものである。このとき，次の問いに答えなさい。

図1

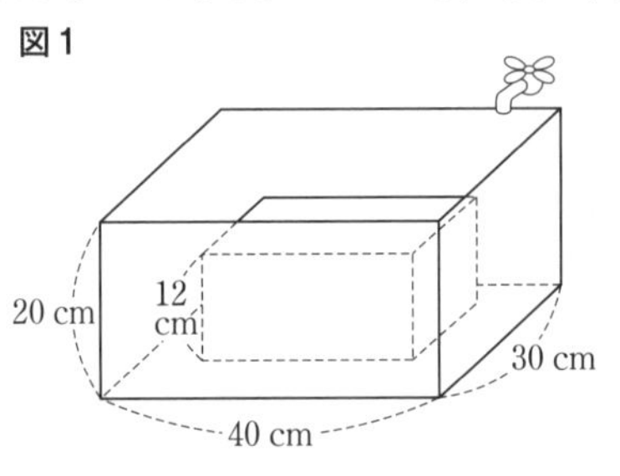

図2

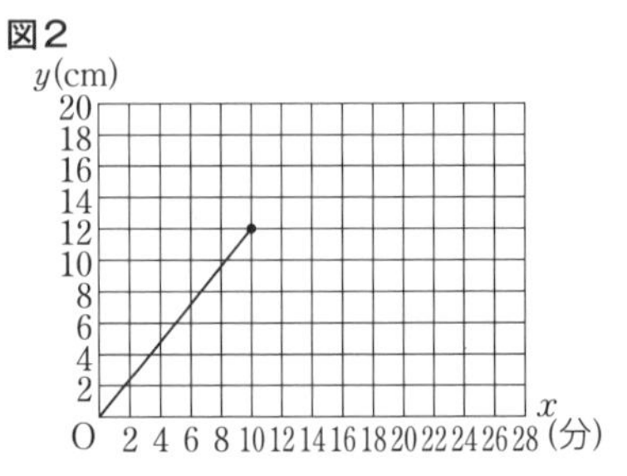

(1) 水を入れ始めてから 4 分後の，水そうの底から水面までの高さを求めなさい。

(2) 水そうの底から水面までの高さが 12 cm から 20 cm まで変化するとき，次の問いに答えなさい。

① y を x の式で表しなさい。また，このときの x の変域を求めなさい。

② x と y の関係を表すグラフを，**図2**にかき加えなさい。

(3) 水そうが水でいっぱいになった後に，水そうから鉄のおもりを取り出したとき，水そうの底から水面までの高さは何 cm になるか，求めなさい。ただし，鉄のおもりを水そうから取り出すとき，水はあふれ出ないものとする。

〈新潟県〉

ミスの傾向と対策

▶グラフの読みとりができない。

(1)で，グラフからは直接 $x=4$ のときの y (水深)は読みとれない。このような場合は，グラフの格子点(x 座標，y 座標ともに整数の点)を見つけ，グラフの式を求めればよい。他に，比例の関係からも求められる。

▶グラフの式を求められない。

グラフの傾きは，1 分間に増える水深を表す。また，グラフは点 (10, 12) を通ることが利用できる。

▶ (3)で計算ミスをした。

グラフや水そうの容積からおもりの体積を求めて計算をしたときの計算ミスと考えられるが，ここでは，おもりがない部分のグラフの式から，おもりがないと水深は毎分 0.5 cm ずつ増えることに注目すれば，簡単な計算で求められる。

解き方

(1) グラフから，10 分間に 12 cm 入っていることがわかる。

(2)① 水面は毎分 $600\div(30\times40)=0.5$ (cm) 上がる。

よって，グラフの式を，$y=\frac{1}{2}x+b$ と表すと，

(10, 12) を通るから，$y=\frac{1}{2}x+7$ で $y=20$ のとき，$x=26$　よって，$10\leqq x\leqq26$

(3) おもりを入れないと，グラフの式は(2)より，

$y=\frac{1}{2}x$ である。よって，$x=26$ のときの y は，

$y=\frac{1}{2}\times26=13$ (cm)

解答

(1) 4.8 cm

(2)① $y=\frac{1}{2}x+7$, $10\leqq x\leqq26$

② 右の図

(3) 13 cm

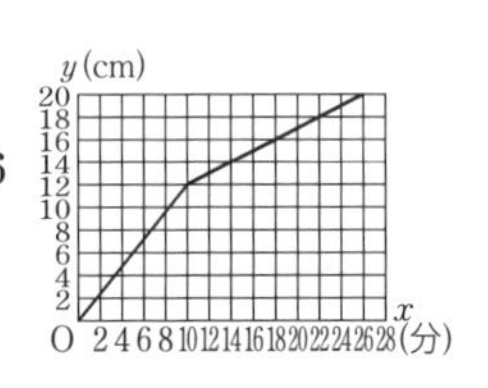

1

右の**図1**のように，五角形 ABCDE があり，$\angle A=\angle B=90°$，AE＝10 cm，AB＝8 cm，BC＝6 cm である。
点 P は点 A を出発し，毎秒 4 cm の速さで辺 AB，BC 上を点 C まで動いて止まる。点 Q は点 P と同時に点 A を出発し，毎秒 1 cm の速さで辺 AE，ED，DC 上を点 C まで動く。点 P，Q が点 A を出発してから x 秒後の △APQ の面積を y cm^2 とする。ただし，$x=0$ のときは $y=0$ とする。次の問いに答えなさい。

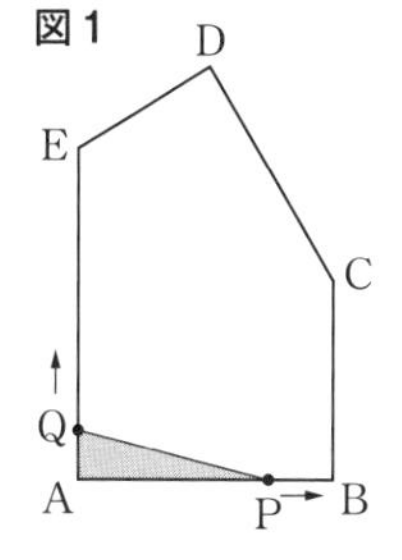

68%
(1) x の変域が次の①，②のとき，y を x の式で表しなさい。
① $0 \leqq x \leqq 2$ のとき
58%
② $2 \leqq x \leqq 10$ のとき

差がつく!! 3%
(2) $0<x\leqq 10$ のとき，PA＝PQ となる x の値を求めなさい。

31%
(3) $10 \leqq x \leqq 22$ のとき，x と y の関係を表すグラフは**図2**のようになった。
このグラフは 3 点 (10，40)，(14，40)，(22，0) を通っている。五角形 ABCDE の面積を求めなさい。〈秋田県〉

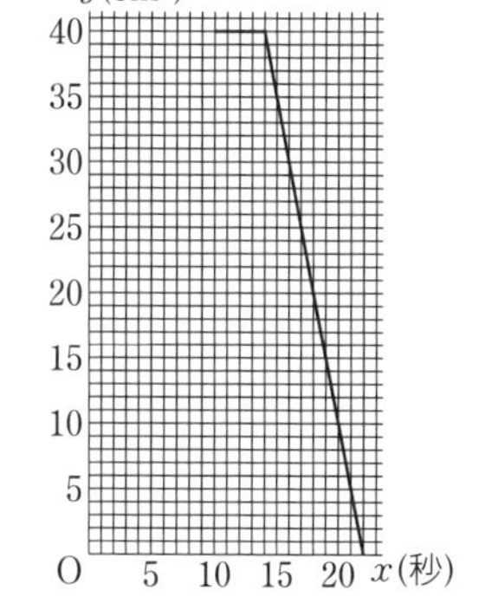

2

図1のように，底面に垂直な 2 つの仕切りで区切られた直方体の水そうが，水平に置かれている。水そうの左側の底面を底面 A，真ん中の底面を底面 B，右側の底面を底面 C とする。その底面 A 上には水が入っていた。
この水そうに a 管，b 管から同時に水を入れはじめる。
水そうの高さは 45 cm，底面 A と底面 B を分ける仕切りの高さは 24 cm，底面 B と底面 C を分ける仕切りの高さは 36 cm であり，底面 A，底面 B，底面 C の面積は，それぞれ 600 cm^2 である。a 管からは底面 A 側に毎分 900 cm^3，b 管からは底面 C 側に毎分 540 cm^3 の割合で水を入れる。

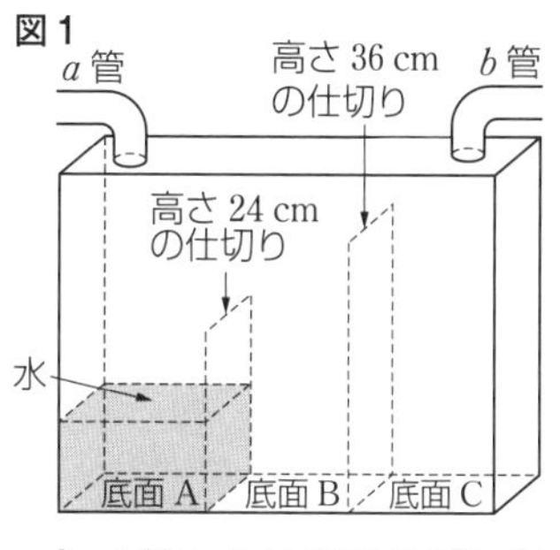

図2は，水そうに a 管，b 管から同時に水を入れはじめてから x 分後の底面 A 上の水面の高さを y cm とするとき，水を入れはじめてから底面 A 上の水面の高さが 36 cm になるまでの x と y の関係をグラフに表したものである。
ただし，水そうや仕切りの厚さは考えないものとする。
次の問いの□の中にあてはまる最も簡単な数または式を記入しなさい。

図2
y(cm)
36
24
12
O
8
24
40 x(分)

40%
(1) 水そうに a 管，b 管から同時に水を入れはじめてから 6 分後の底面 A 上の水面の高さは□cm である。

55%
(2) **図2**において，x の変域が $24 \leqq x \leqq 40$ のとき，y を x の式で表すと，$y=$□ $(24 \leqq x \leqq 40)$ である。

差がつく!! 8%
(3) 底面 B 上にも水が入り，底面 B 上の水面の高さが底面 C 上の水面の高さと最初に等しくなるのは，水そうに a 管，b 管から同時に水を入れはじめてから□分後である。〈福岡県〉

$y=ax^2$ の基本

例題

正答率
(1) 34%
差がつく!! (2) 24%
差がつく!! (3) 16%

右の図で，①は双曲線 $y=\frac{a}{x}$，②は放物線 $y=bx^2$ のグラフである。点Aは①上の点，点Bは x 軸上の点であり，線分ABは y 軸と平行である。点Cは①と②の交点で，y 座標が4である。座標軸の単位の長さを1cmとすると，△AOBの面積は6 cm^2 である。

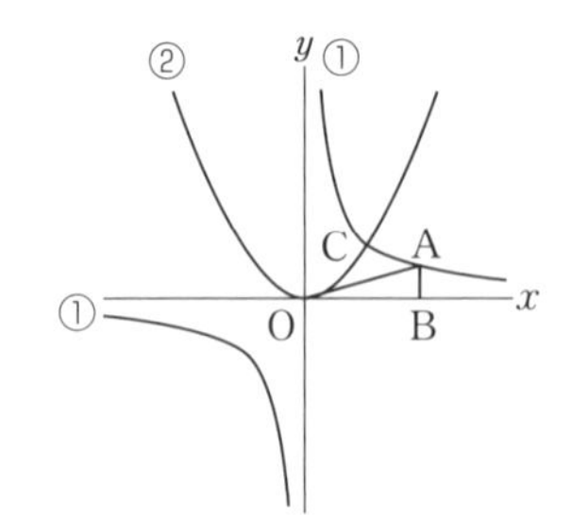

次の問いに答えなさい。

(1) a の値を求めなさい。

(2) b の値を求めなさい。

(3) 関数 $y=bx^2$ で，x の値が2から7まで増加するときの変化の割合を求めなさい。
〈青森県〉

ミスの傾向と対策

▶△AOBの面積を活用できない。
反比例のグラフでは，$xy=a$ より，$\triangle AOB=\frac{1}{2}xy=\frac{1}{2}a$

▶放物線の式がわからない。
点Cは①，②の両方のグラフ上にあることに注目しよう。(1)で①の式が求まる→点Cの y 座標の値を代入して x 座標を求める→点Cの x 座標，y 座標の値を $y=bx^2$ に代入して b を求める。このような問題は，放物線と直線でもよく出題される。求める手順を理解しておこう。

▶変化の割合が正しく求められない。
変化の割合の意味を正しく理解していないケースが多いと考えられる。2乗に比例する関数の変化の割合は，1次関数とはちがい，一定ではない。数学の用語の意味も正しく覚えることが重要である。

解き方

(1) 点Aの座標を $(p,\ q)$ とすると，
$\triangle AOB=\frac{1}{2}\times p\times q=6$ より，$pq=12$
点Aは①のグラフ上にあるから，$a=pq=12$

(2) (1)より，点Cの座標は，$(3,\ 4)$ で，②のグラフ上にあるから，$4=b\times 3^2$，$b=\frac{4}{9}$

(3) $x=2$ のとき，$y=\frac{4}{9}\times 2^2=\frac{16}{9}$
$x=7$ のとき，$y=\frac{4}{9}\times 7^2=\frac{196}{9}$
変化の割合 $=\frac{y\text{の増加量}}{x\text{の増加量}}$
$=\left(\frac{196}{9}-\frac{16}{9}\right)\div(7-2)=4$

解答 (1) $a=12$ (2) $b=\frac{4}{9}$ (3) 4

入試必出! 要点まとめ

● **$y=ax^2$ のグラフ**
- 原点を頂点とし，y 軸について対称な放物線である。
- $a>0$ のとき上に開き，$a<0$ のとき下に開く。
- a の絶対値が小さいほど開き方は大きい。

● **$y=ax^2$ の x の値に0を含むときの y の最大値，最小値に注意！**
- $a>0$ のとき，y は $x=0$ で最小値0をとる。
- $a<0$ のとき，y は $x=0$ で最大値0をとる。

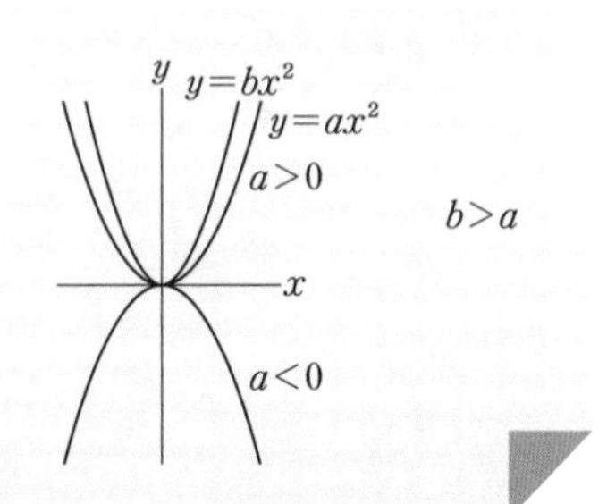

実力チェック問題

解答・解説 別冊 P. 7

1

次の問いに答えなさい。

38%

(1) 関数 $y=\frac{1}{3}x^2$ について，x が 3 から 9 まで増加するときの変化の割合を求めなさい。

〈高知県〉

35%

(2) 関数 $y=-x^2$ について，x の変域が $-2\leqq x\leqq 1$ のとき，y の変域は $a\leqq y\leqq b$ である。このとき，a，b の値をそれぞれ求めなさい。 〈高知県〉

30%

(3) 次の［　　］に適当な数を書き入れなさい。

2 つの関数 $y=ax^2$ と $y=4x+1$ について，x の値が 1 から 5 まで増加するときの 2 つの関数の変化の割合が等しい。このとき，定数 a の値は［　　］である。 〈岡山県〉

2

41%

右の図は，2 つの関数 $y=ax^2\ (a>0)$，$y=-\frac{1}{3}x^2$ のグラフである。それぞれのグラフ上の，x 座標が 2 である点を A，B とする。また，B を通り x 軸に平行な直線と，$y=-\frac{1}{3}x^2$ のグラフとの交点のうち B と異なる点を C とする。

AB=BC が成り立つとき，a の値を求めなさい。 〈栃木県〉

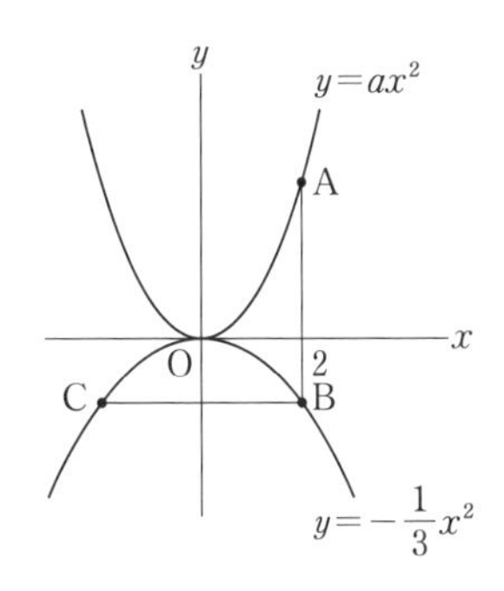

3

差がつく!!

5%

右の図のように，関数 $y=x^2$ のグラフ上に 2 点 A, B がある。B の x 座標は A の x 座標より 6 大きく，B の y 座標は A の y 座標より 8 大きい。このとき，A の x 座標を求めなさい。

〈栃木県〉

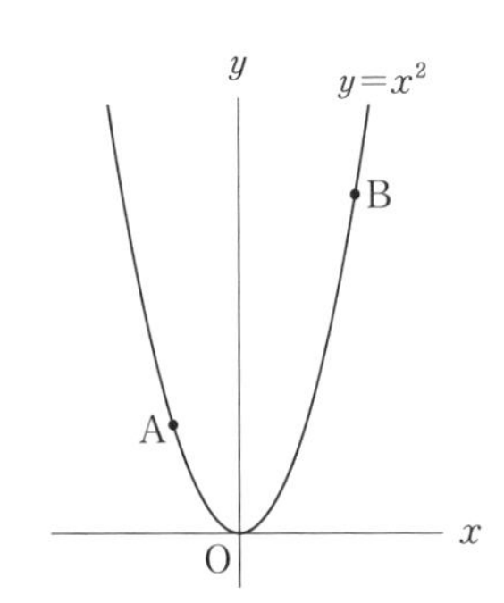

放物線と直線

例題

正答率 (1) 35% 差がつく!! (2) 15%

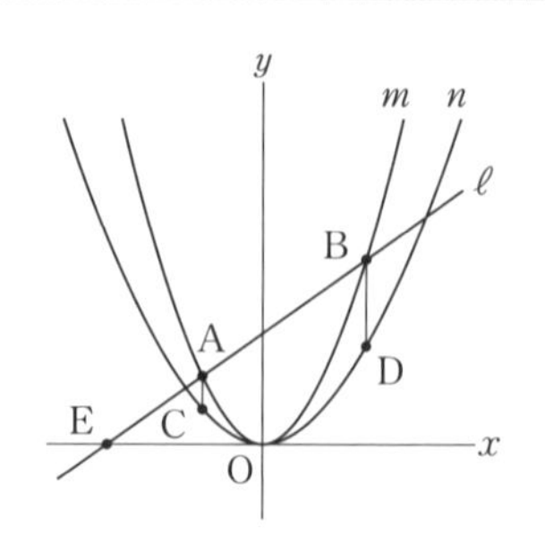

右の図において，m は $y=ax^2$（a は正の定数）のグラフを表し，n は $y=bx^2$（b は正の定数）のグラフを表す。$a>b$ である。A，B は m 上の点であり，その x 座標はそれぞれ -3，5 である。C，D は n 上の点であり，C の x 座標は A の x 座標と等しく，D の x 座標は B の x 座標と等しい。A と C，B と D とをそれぞれ結ぶ。ℓ は 2 点 A，B を通る直線である。E は ℓ と x 軸との交点である。

(1) 線分 BD の長さは線分 AC の長さの何倍かを求めなさい。求め方も書くこと。必要に応じて上の図を用いてもよい。

(2) E の x 座標を求めなさい。

〈大阪府〉

ミスの傾向と対策

▶AC, BD の長さが求められない。

A と C，B と D は，それぞれ x 座標が同じだから，AC，BD は y 座標の差として求められる。それぞれの点の座標を a，b を使って表し，AC，BD の長さを求めると，それぞれ，$a-b$ の何倍であるかが求められる。

▶点 E の x 座標が正しく求められない。

2 点 A，B を通る直線の式を求めようとして計算ミスをしたと考えられる。ℓ の式を $y=px+q$ とおいて ℓ の式を a を用いて表すと，$y=2ax+15a$ となる。ここで $y=0$，$a\neq0$ として x の値を求めたものと考えられるが，ここでは平行線と比の関係を使ったほうが簡単である。**(1)**で比を求めさせたのは，**(2)**で比を使えというヒントともなっているわけである。

解き方

(1) 点 A，B，C，D の座標は，

A$(-3,\ 9a)$，B$(5,\ 25a)$，C$(-3,\ 9b)$，D$(5,\ 25b)$

AC$=9a-9b$，BD$=25a-25b$ より，

$\dfrac{\mathrm{BD}}{\mathrm{AC}}=\dfrac{25(a-b)}{9(a-b)}=\dfrac{25}{9}$，BD$=\dfrac{25}{9}$AC

(2) 点 E の x 座標を t とおくと，右の図から，

$(-3-t):(5-t)=9:25$

$-75-25t=45-9t$

$16t=-120$，$t=-\dfrac{15}{2}$

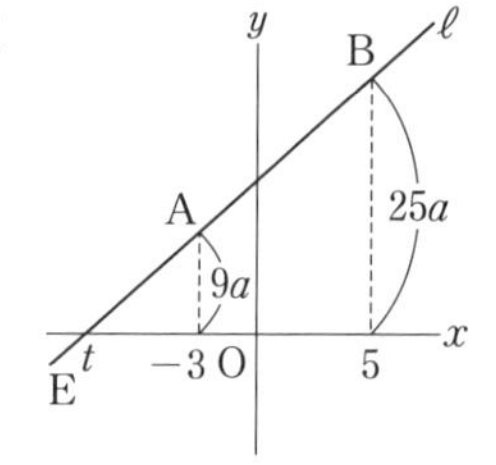

(1) $\dfrac{25}{9}$ 倍（求め方は，解き方参照）

(2) $-\dfrac{15}{2}$

入試必出! 要点まとめ

放物線と直線の交点

- 放物線と直線の交点…それぞれの式を成り立たせる解
- 線分の長さの比…右の図で，AP：AB＝AQ：AR＝PQ：BR
  AR＝点 B と点 A の x 座標の差，BR＝点 B と点 A の y 座標の差
- 変化の割合…右の図で，x の値が a から b まで増加したときの変化の割合
  ＝直線 AB の変化の割合

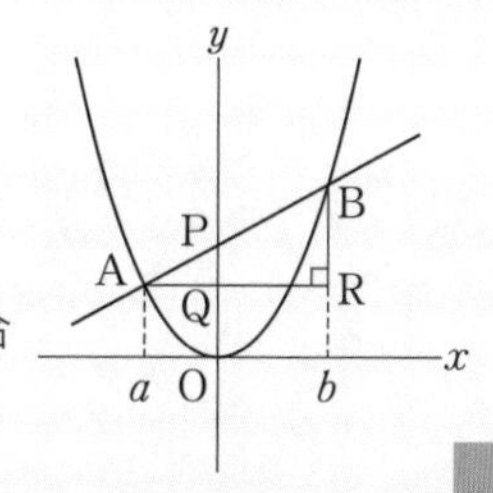

1

右の図のように，2つの関数 $y=x^2$ …①，$y=\frac{1}{3}x^2$ …②のグラフがある。②のグラフ上に点Aがあり，点Aの x 座標を正の数とする。点Aを通り，y 軸に平行な直線と①のグラフとの交点をBとし，点Aと y 軸について対称な点をCとする。点Oは原点とする。次の問いに答えなさい。

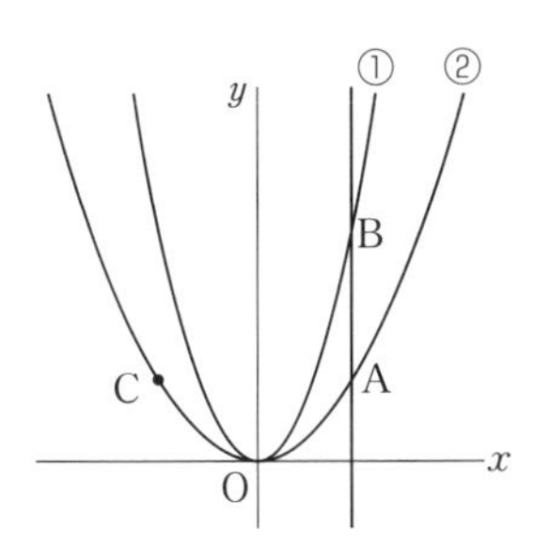

66%
(1) 点Aの x 座標が2のとき，点Cの座標を求めなさい。

31%
(2) 点Bの x 座標が6のとき，2点B，Cを通る直線の傾きを求めなさい。

差がつく!! 22%
(3) 点Aの x 座標を t とする。△ABCが直角二等辺三角形となるとき，t の値を求めなさい。

〈北海道〉

2

右の図のように，原点Oを通る直線 ℓ と，点A(5, 0)を通る直線 m が，点B(2, 4)で交わっている。
このとき，次の問いに答えなさい。

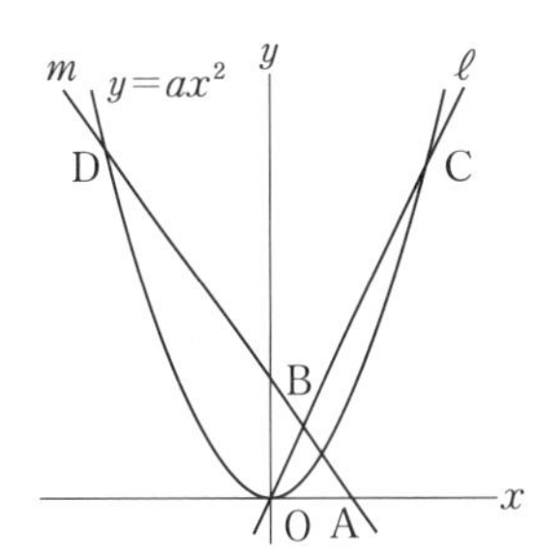

65%
(1) 直線 ℓ の式を求めなさい。

差がつく!! 13%
(2) 直線 ℓ 上に点C，直線 m 上に点Dがあり，点Cと点Dは y 軸について線対称である。
関数 $y=ax^2$ のグラフが，2点C，Dを通るとき，a の値を求めなさい。
ただし，$a>0$ とする。

〈千葉県〉

3

差がつく!! 4%

右の図のように，関数 $y=\frac{2}{3}x^2$ のグラフ上に x 座標が正である点Pをとる。点Pを通り，傾きが -2 の直線と x 軸，y 軸との交点をそれぞれQ，Rとし，点Rの y 座標を b とする。PQ：PR=1：2 となるとき，b の値を求めなさい。

〈宮城県〉

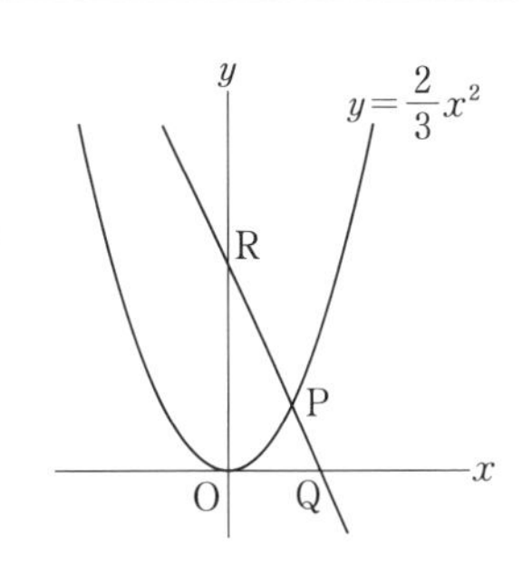

放物線と図形

例題

正答率

(1) 49%

(2) 27%

差がつく!! (3) 3%

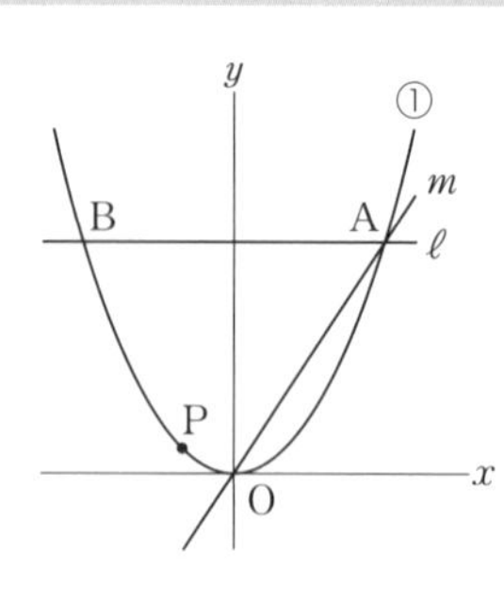

右の図は，点 P$(-2,\ 1)$を通る関数 $y=ax^2$ …①のグラフと，x 軸に平行な直線 ℓ を示したものであり，①のグラフと直線 ℓ は2点 A，B で交わっている。ただし，点 A の x 座標は正とする。また，線分 AB の長さを 12 cm，原点 O と点 A を通る直線を m とする。このとき，次の問いに答えなさい。なお，座標の1目もりは1 cm とする。

(1) 直線 m の式を求めなさい。

(2) 四角形 OABP の面積は何 cm² か，求めなさい。

(3) 点 P を通り，直線 m に平行な直線と直線 ℓ との交点を Q とする。直線 m 上に点 R をとり，△PAB と △RQB の面積が等しくなるようにする。このとき，点 R の座標を求めなさい。ただし，点 R の x 座標は，点 A の x 座標より小さいものとする。

〈鹿児島県・改〉

ミスの傾向と対策

▶四角形 OABP の面積が正しく求められない。

直線 AP の式を求め，△ABP と △APO とに分けて面積を計算した人も多いと考えられるが，x 軸や y 軸に平行な直線をひくことで，計算が楽になる場合が多い。ここでは，台形と三角形に分ければ，どちらも底辺，高さとも簡単に求められ，計算ミスも少なくなる。

解き方 (1) まず，a の値を求める。

点 P は①のグラフ上にあるから，

$1=a\times(-2)^2,\ a=\frac{1}{4}$

AB=12 より，A の x 座標は 6，A$(6,\ 9)$

直線 m は原点と点 A を通るから，$y=\frac{9}{6}x=\frac{3}{2}x$

(2) 次の図で，PC∥AB とすると，

点 C の x 座標は，$1=\frac{3}{2}x$ より，$x=\frac{2}{3}$

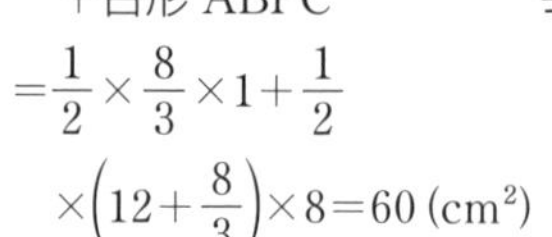

四角形 OABP＝△OCP ＋台形 ABPC

$=\frac{1}{2}\times\frac{8}{3}\times1+\frac{1}{2}\times\left(12+\frac{8}{3}\right)\times8=60\ (\text{cm}^2)$

(3) 直線 PQ の式が

$y=\frac{3}{2}x+4$ より，Q$\left(\frac{10}{3},\ 9\right)$

$\triangle\text{PAB}=\frac{1}{2}\times12\times8=48\ (\text{cm}^2)$，$\text{QB}=\frac{28}{3}$ cm

R$\left(r,\ \frac{3}{2}r\right)$とすると，$\triangle\text{RQB}=\frac{1}{2}\times\frac{28}{3}\times\left(9-\frac{3}{2}r\right)$

△PAB＝△RQB より，$r=-\frac{6}{7}$

よって，y 座標は，$\frac{3}{2}r=-\frac{9}{7}$

解答 (1) $y=\frac{3}{2}x$ (2) 60 cm² (3) R$\left(-\frac{6}{7},\ -\frac{9}{7}\right)$

入試必出! 要点まとめ

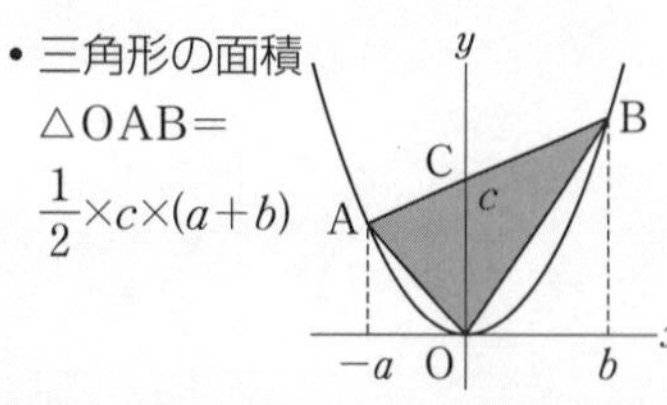

- 三角形の面積 △OAB＝$\frac{1}{2}\times c\times(a+b)$
- 三角形の面積を二等分する直線は頂点とその対辺の中点を結ぶ直線 (AM=MB)
- 等積変形 PQ∥OB のとき，△OAB ＝△OPB ＝△OCB ＝△OQB

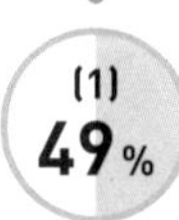

実力チェック問題

解答・解説 別冊 P. 8

1

右の図において，①は $y=\frac{1}{2}x^2$，②は $y=-\frac{1}{2}x^2$ のグラフである。点A，Bは①のグラフ上にあり，x 座標はそれぞれ -4，2である。このとき，次の問いに答えなさい。

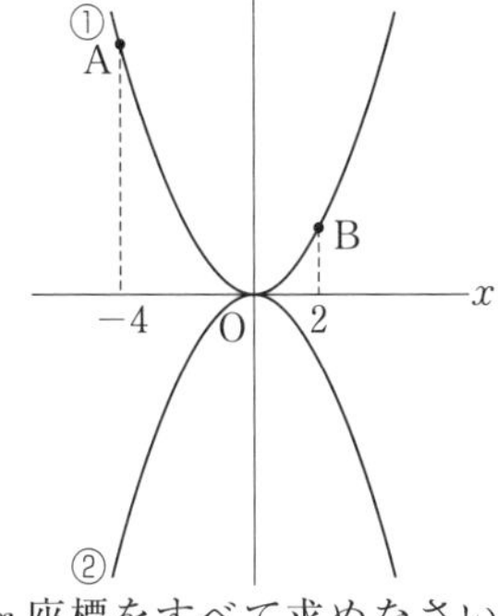

63%
(1) 点Aの y 座標を求めなさい。

差がつく!! 24%
(2) 三角形OABの面積を求めなさい。

差がつく!! 14%
(3) ①のグラフ上に点P，②のグラフ上に点Qをとる。P，Qの x 座標が等しく，線分PQの長さが9のとき，Pの x 座標をすべて求めなさい。

〈高知県〉

2

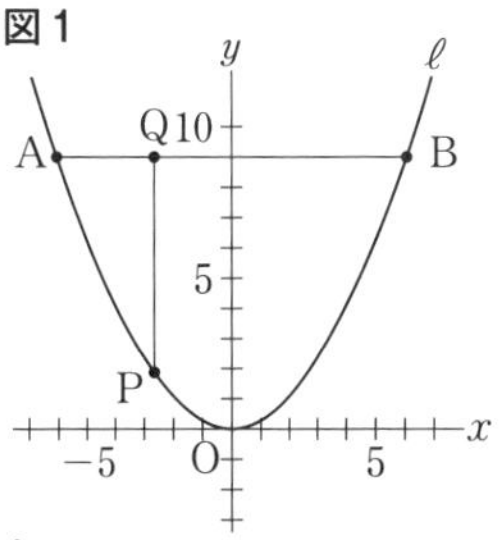

右の**図1**で，点Oは原点，曲線 ℓ は関数 $y=\frac{1}{4}x^2$ のグラフを表している。
点A，点Bはともに曲線 ℓ 上にあり，座標はそれぞれ$(-6,\ 9)$，$(6,\ 9)$である。
点Aと点Bを結ぶ。
曲線 ℓ 上にあり，x 座標が -6 より大きく6より小さい数である点をPとする。
点Pを通り y 軸に平行な直線を引き，線分ABとの交点をQとする。
座標軸の1目盛りを1 cmとして，次の各問いに答えなさい。

図1

差がつく!! 17%
(1) 点Pの x 座標を a，線分PQの長さを b cmとする。
a のとる値の範囲が $-4 \leqq a \leqq 3$ のとき，b のとる値の範囲を不等号を使って，
□ $\leqq b \leqq$ □
で表しなさい。

図2

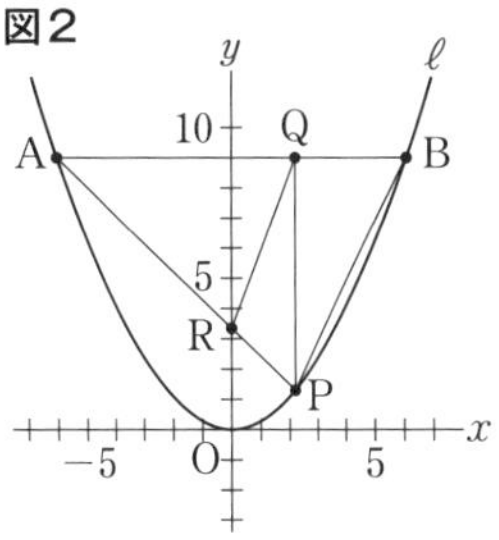

(2) 右の**図2**は，**図1**において，点Pの x 座標が正の数のとき，点Aと点Pを結び，線分APと y 軸との交点をRとし，点Qと点R，点Bと点Pをそれぞれ結んだ場合を表している。
次の問いに答えなさい。

39%
① 点Rの座標が$(0,\ 1)$のとき，2点A，Pを通る直線の式を求めなさい。

差がつく!! 13%
② PQ＝AQとなるとき，△RPQの面積は，△PBAの面積の何分のいくつか，求めなさい。

〈東京都〉

$y=ax^2$ の利用

例題

正答率 (1) 35% (2)(ア) 34% 差がつく!! (2)(イ) 11% 差がつく!! (3) 24%

下の**図1**のように，AB=6 cm の長方形 ABCD と，∠RPQ=90° の直角三角形 PQR がある。4つの頂点 A，B，P，Q は直線 ℓ 上にあり，2つの頂点 A，Q は重なっている。**図2**のように，直角三角形 PQR を，直線 ℓ に沿って，頂点 Q が頂点 B に重なるまで，矢印の向きに移動させる。
2点 A，Q の距離を x cm としたとき，長方形 ABCD と直角三角形 PQR の重なっている部分の面積を y cm² とする。このとき，次の問いに答えなさい。ただし，頂点 A と頂点 Q が重なっているときは $y=0$ とする。

図1

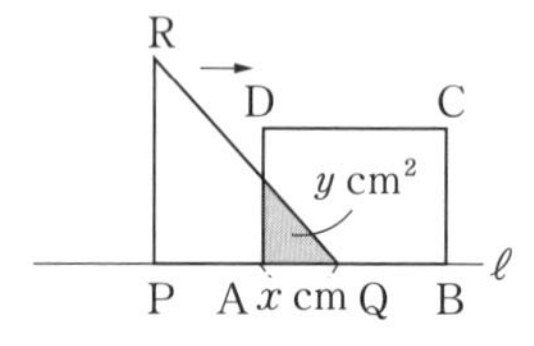

図2

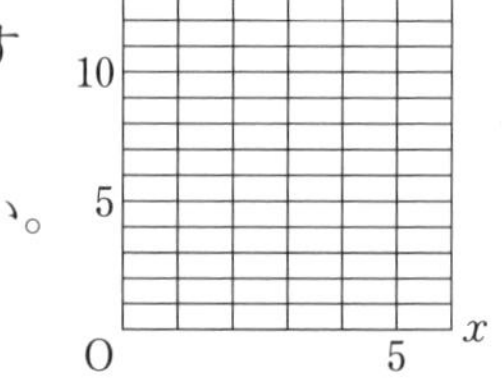

図1において，BC=4 cm，PQ=6 cm，PR=6 cm とするとき，次の問いに答えなさい。

(1) $x=2$，$x=5$ のときの y の値を，それぞれ答えなさい。

(2) 次の(ア)，(イ)について，y を x の式で表しなさい。

(ア) $0 \leqq x \leqq 4$ のとき　　(イ) $4 \leqq x \leqq 6$ のとき

(3) $0 \leqq x \leqq 6$ のとき，x と y の関係を表すグラフをかきなさい。　〈新潟県・改〉

ミスの傾向と対策

▶重なる部分の形が把握できない。
辺 RQ が頂点 D を通るとき，頂点 Q が頂点 B と重なるときの図を実際にかいてみよう。

解き方　**(1)** $x=2$ のとき，$y=\frac{1}{2}\times2^2=2$

$x=5$ のとき，上底が 1 cm，下底が 5 cm の台形になるから，$y=\frac{1}{2}\times(1+5)\times4=12$

(2)(ア) $y=\frac{1}{2}\times x\times x=\frac{1}{2}x^2$

(イ) 上底が $(x-4)$ cm，下底が x cm，高さが 4 cm の台形より，$y=\frac{1}{2}\times\{x+(x-4)\}\times4=4x-8$

(3) (2)の(ア)，(イ)で求めた式をグラフに表す。

解答

(1) $x=2$ **のとき，**
$y=2$
$x=5$ **のとき，**
$y=12$

(2) (ア) $y=\frac{1}{2}x^2$
(イ) $y=4x-8$

(3) 右の図

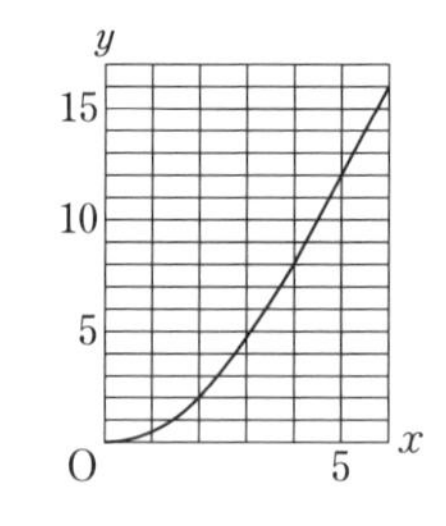

入試必出! 要点まとめ

● **x の値の変化と図形の変化**

$0 \leqq x \leqq 2$
1辺 x cm
の直角二等
辺三角形

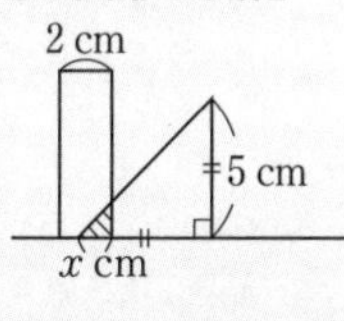

$2 < x \leqq 5$
高さ 2 cm
の台形

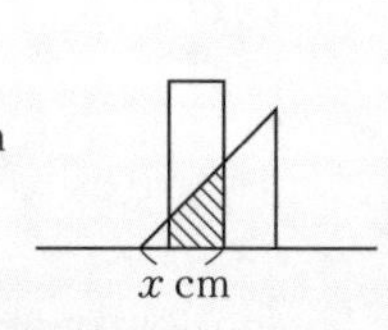

$5 < x \leqq 7$
高さ
$(7-x)$ cm
の台形

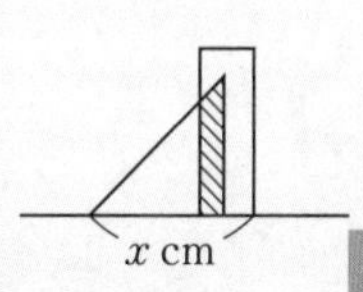

実力チェック問題

解答・解説 別冊 P. 8

1

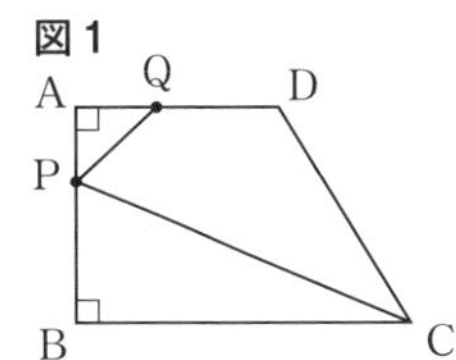

図1のような台形ABCDがあり，$\angle A=\angle B=90°$，$AB=AD=6$ cm である。点Pは辺AB上を動く点で，Aを出発し毎秒1 cmの速さでBまで進み，同じ速さでAにもどってくる。点Qは辺AD上を動く点で，点Pと同時にAを出発し毎秒1 cmの速さでDまで進み，Dで止まる。次の問いに答えなさい。

70% (1) 点PがAを出発してから4秒後の△APQの面積を求めなさい。

(2) 点PがAを出発してからx秒後の△APQの面積をy cm^{2}とする。

54% ① $0 \leqq x \leqq 6$ のとき，yをxの式で表しなさい。

32% ② $6 \leqq x \leqq 12$ のとき，yをxの式で表しなさい。

38% ③ $0 \leqq x \leqq 12$ のとき，xとyの関係を表すグラフを右の図にかきなさい。

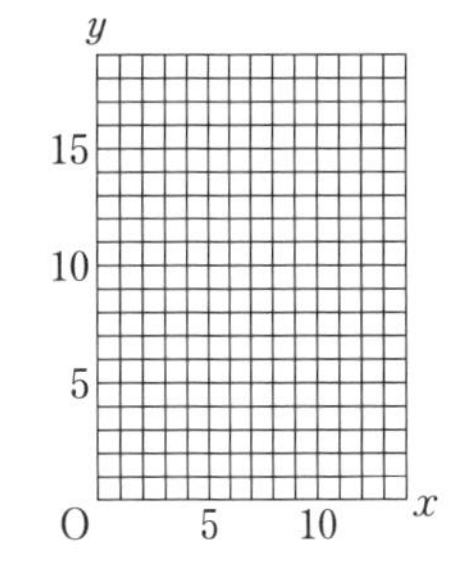

④ **図2**は，点PがAを出発してからの時間と△PBCの面積の関係を表したグラフである。

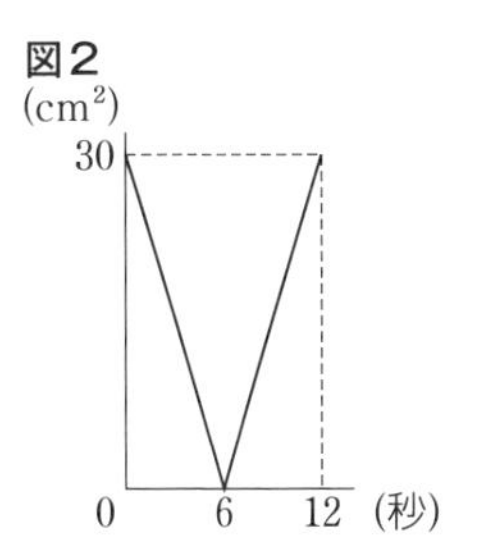

47% (ア) BCの長さを求めなさい。

差がつく!! 17% (イ) $6 \leqq x \leqq 12$ のとき，△PBCと△APQの面積が等しくなるxの値を求めなさい。

〈長野県〉

2

ペットボトルに水を入れて，底にあけた穴から水をぬいた。ペットボトルに入っている，高さがy cmの水が，x分間ですべてなくなるとすると，xとyとの関係は $y=ax^2$ で表されるという。実験をしたところ，高さが9 cmの水がすべてなくなるのに6分かかった。

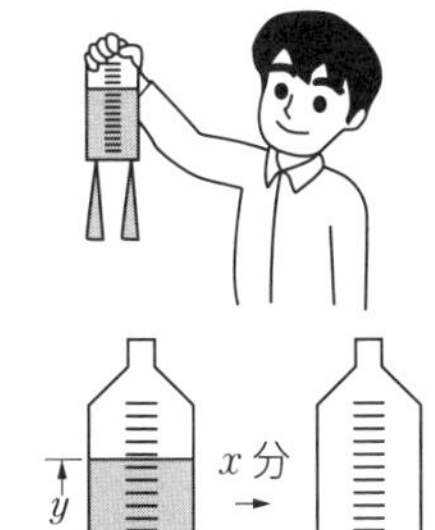

次の問いに答えなさい。

82% (1) aの値を求めなさい。

30% (2) 高さ16 cmまで水を入れてから，高さが1 cmになるまで水をぬいた。水をぬいていた時間は何分間であったかを求めなさい。

8% (3) ある高さまで水を入れてから，2分間水をぬいた。水をぬく前と，ぬいた後の水の高さの差は4 cmであった。水をぬく前に入っていた水の高さは，何cmであったかを求めなさい。

〈岐阜県・改〉

多角形と角

例題

正答率

43%

右の図の△ABCで，点Aを中心として半径ACの円をかき，辺ABとの交点をDとする。次に，点C，Dを中心として，同じ半径ACの円をかき，その交点のうち，A以外の点をEとする。また，線分AEと辺BCの交点をFとする。$\angle ABC=41°$，$\angle AFC=77°$ のとき，$\angle ACB$ の大きさを求めなさい。

〈青森県〉

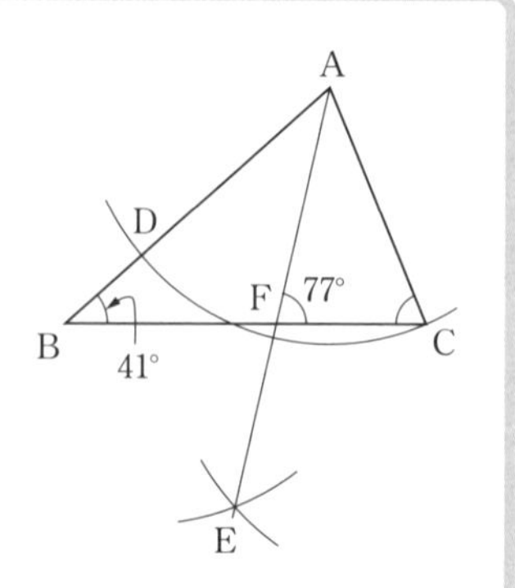

ミスの傾向と対策

▶$\angle ACB=77°$ と答えた。

図を見て，AF=AC と思いこんでしまったケースが多いと考えられる。それでは他の条件が何も役に立っていないことになる。問題の図は正確ではない場合もあり，正確だとしても，見た目で判断してはいけない。見当をつけたことでも必ずその根拠を見いだそう。ここでは，線分の長さや角の大きさを与えるのではなく，作図をし，その意味が理解できるか，試しているのであるが，作図の意味が読みとれないケースが多いと考えられる。

解き方 △ABF の外角と内角の関係から，

$\angle BAF=\angle AFC-\angle ABF$

$=77°-41°=36°$

作図から，AE は $\angle BAC$ の二等分線だから，

$\angle EAC=\angle BAF=36°$

よって，△AFC の内角の和より，

$\angle ACB=180°-(36°+77°)$

$=67°$

解答 67度

入試必出！ 要点まとめ

- **n 角形の内角の和 $=180°\times(n-2)$**
- **n 角形の外角の和 $=360°$**
- **複雑な形の角の和の求め方**

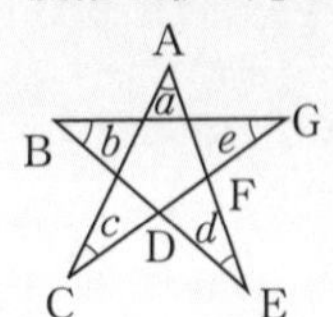

△ACF で，$\angle CFE=\angle a+\angle c$

△BDG で，$\angle GDE=\angle b+\angle e$

△DEF で，$\angle CFE+\angle GDE+\angle d=180°$

よって，$\angle a+\angle b+\angle c+\angle d+\angle e=180°$

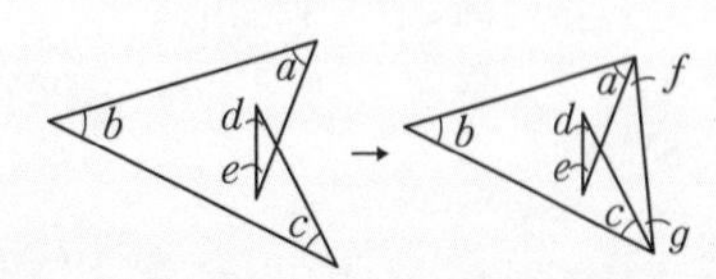

三角形の内角の和は 180°

対頂角は等しい

→$\angle d+\angle e=\angle f+\angle g$

$\angle a+\angle b+\angle c+\angle d+\angle e$

$=\angle a+\angle b+\angle c+\angle f+\angle g=180°$

1　47%

右の図で，△ABC は ∠ABC＝40°，∠ACB＝30° の三角形である。点 P を △ABC の内部にとり，点 Q を，△CPQ が正三角形となるように，図のように，辺 BC をはさんで頂点 A と反対側にとる。∠ABP＝∠PBC，∠ACP＝∠PCB のとき，∠BPQ の大きさを求めなさい。　〈奈良県・改〉

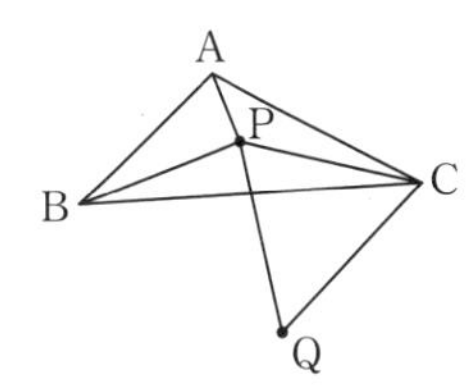

2　37%

右の図で，△ABC は正三角形である。
点 P は辺 BC 上にある点で，頂点 B，頂点 C のいずれにも一致しない。
点 Q は辺 AC 上にある点で，頂点 A，頂点 C のいずれにも一致しない。
頂点 A と点 P を結んだ線分と，頂点 B と点 Q を結んだ線分との交点を R とする。
図において，∠CBQ＝40°，∠BAP＝a° とするとき，鋭角である ∠ARQ の大きさを a を用いた式で表しなさい。

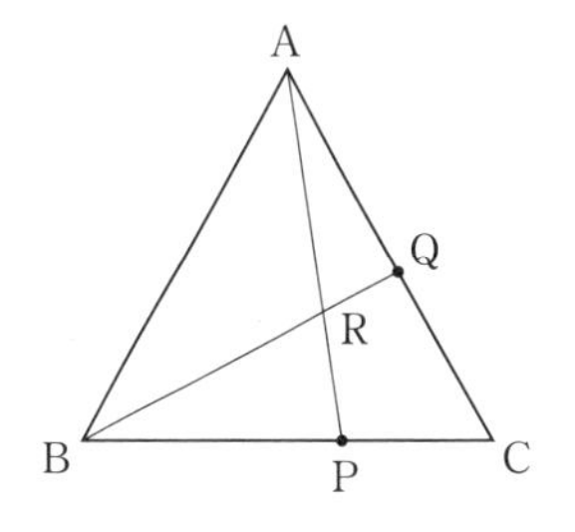

〈東京都・改〉

3　30%

右の図のように，正五角形 ABCDE の頂点 A，C を通る直線をそれぞれ ℓ，m とする。
$\ell /\!/ m$ であるとき，∠x の大きさを求めなさい。　〈青森県〉

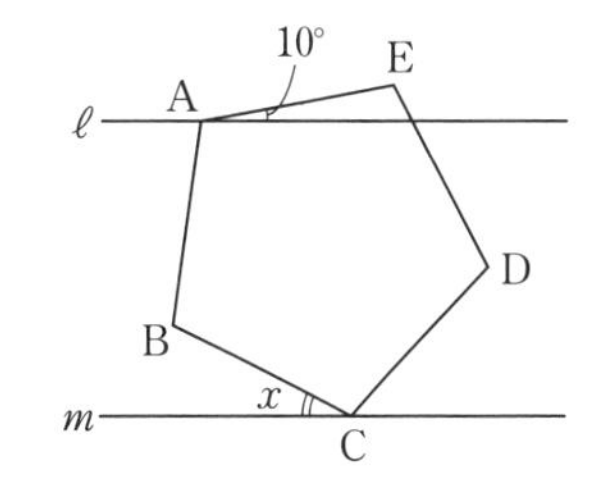

4　

右の図のように，1 つの平面上に四角形 ABCD と △CDE があり，∠ADE＝2∠CDE，∠BCE＝2∠DCE である。
∠ABC＝71°，∠BAD＝100° のとき，∠CED の大きさは何度か求めなさい。　〈広島県〉

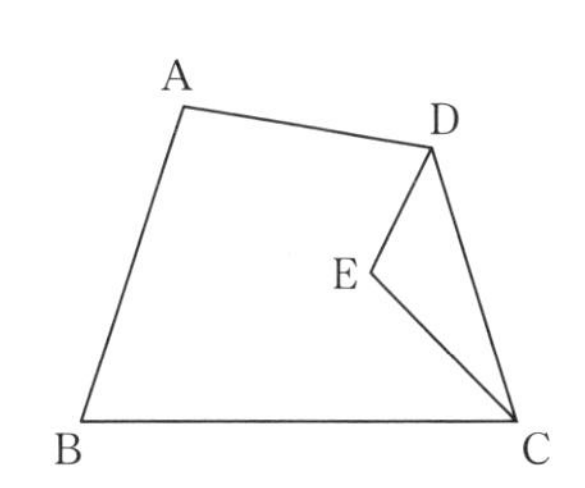

平面図形の性質の利用

例題

正答率 差がつく!! 17%

図1のように，平行四辺形 OABC を，点 O を中心として時計回りに回転させ，点 A，B，C が移動した点を，それぞれ D，E，F とする。

$\angle OAB=70°$ で，**図2**のように線分 EF が点 C を通るとき，$\angle BCE$ の大きさを求めなさい。

〈滋賀県・改〉

図1

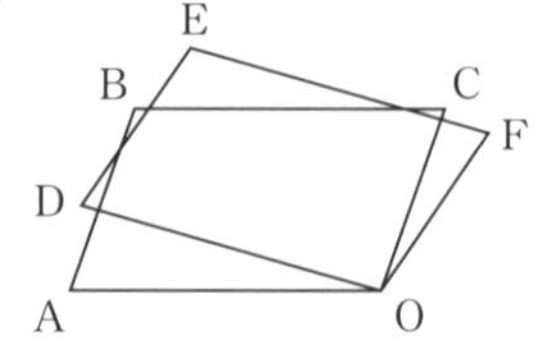

図2

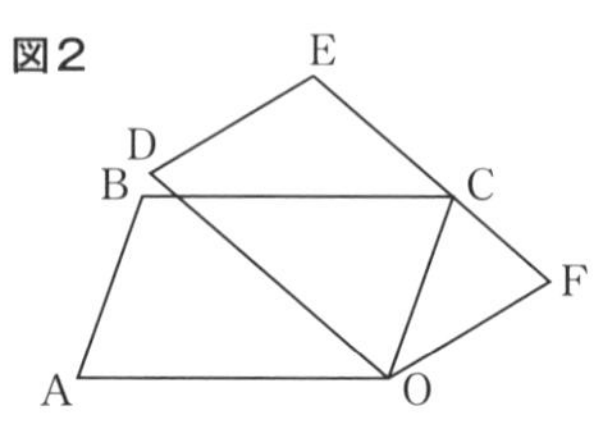

ミスの傾向と対策

▶角度が求められない。

まず，書かれている条件を整理すると，

平行四辺形である → 対角は等しい。
対辺は等しく，平行である。

回転した図形である→ 対応する辺の長さ，角の大きさは，それぞれ等しい。

これらと，$\angle OAB=70°$ ということから，どの条件を使えばよいか。図にわかったことを書き込んでみると，$\triangle OFC$ が二等辺三角形であることがわかる。逆に，$\angle BCE$ を求めるには，$\angle BCO$ と $\angle OCF$ がわかればよいと考えてから与えられた条件を見直すと，$\angle OCF=70°$ に気がつくのではないか。

解き方

平行四辺形の対角は等しいから，

$\angle BCO=\angle BAO$

$=70°$

回転させた図形だから，$\angle CFO=\angle BCO=70°$

また，$CO=FO$ より，$\triangle COF$ は二等辺三角形。

よって，$\angle OCF=\angle OFC=70°$

$\angle ECF$ は $180°$ より，

$\angle BCE=180°-(70°+70°)=40°$

解答 40 度

入試必出! 要点まとめ

● **平面図形の性質**

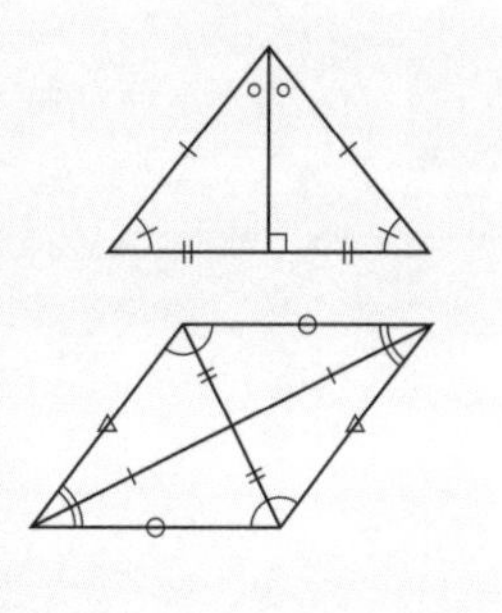

- 二等辺三角形…2 つの辺の長さは等しい。
  2 つの底角は等しい。
  頂角の二等分線は底辺を垂直に 2 等分する。
- 平行四辺形…向かい合う辺はそれぞれ等しい。
  向かい合う角はそれぞれ等しい。
  2 つの対角線は，互いに他を 2 等分する。
- 特別な平行四辺形
  長方形…となり合う角が等しい平行四辺形　4 つの角は $90°$ で，対角線の長さは等しい。
  ひし形…となり合う辺が等しい平行四辺形　4 つの辺が等しく，対角線は直交する。
  正方形…となり合う角が等しく，となり合う辺も等しい平行四辺形 → 長方形とひし形両方の性質をもつ。

1 38%

縦と横の長さが異なる長方形の紙 ABCD を，頂点 D が頂点 B と重なるように折った。頂点 C が移った点を E，折り目の線分を FG とする。右の図は，折る前の図形と折った後の図形を表したものである。
右の図で，四角形 ABCD がどのような長方形であっても，線分 BG と長さが等しくなる線分を 2 つ書きなさい。

〈青森県・改〉

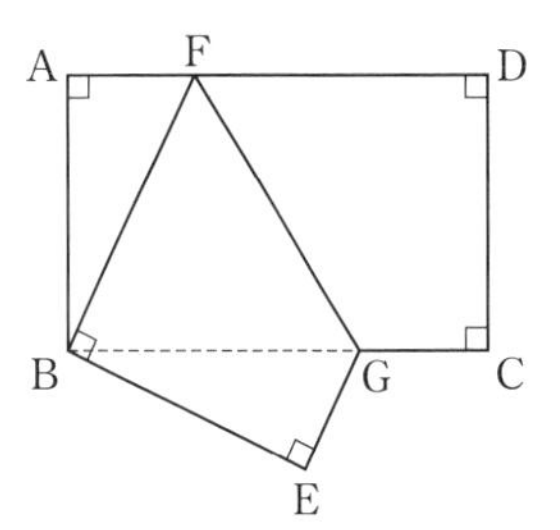

2 32%

右の図は，AB＝4.8 cm，AD＝3 cm の平行四辺形 ABCD である。∠A の二等分線が辺 CD と交わる点を E，∠B の二等分線が辺 CD と交わる点を F とする。このとき，線分 EF の長さを求めなさい。

〈山形県〉

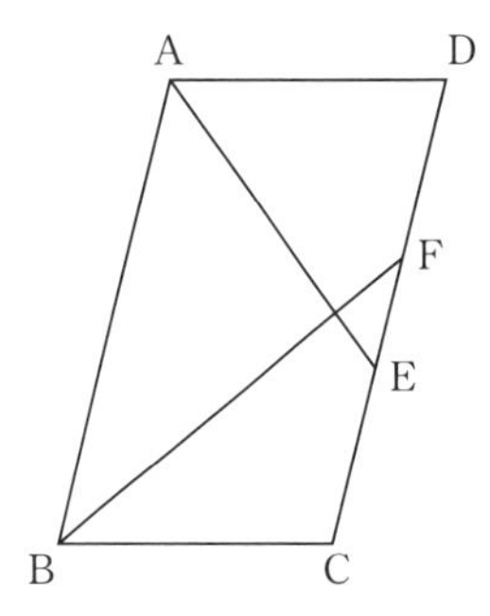

3 差がつく!! 22%

右の図のように，線分 AB を直径とする半円がある。
弧 AB 上に図のように点 C をとり，∠CAB の二等分線と弧 AB の交点を D とする。また，線分 AD と線分 BC の交点を E とし，線分 AB 上に AF＝EF となる点 F をとる。このとき，AC∥FE であることを証明しなさい。

〈新潟県・改〉

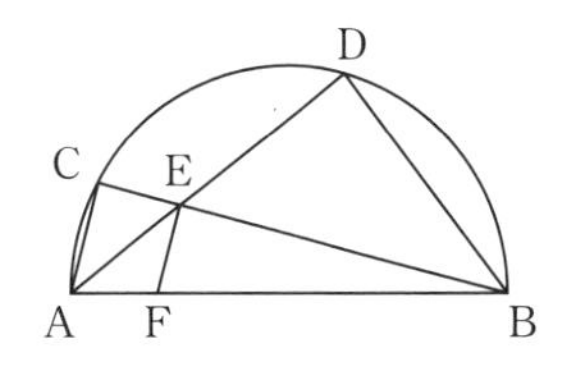

4 差がつく!! 9%

右の図のような四角形 ABCD において，辺 AB，BC，CD，DA の中点をそれぞれ P，Q，R，S とし，4 点 P，Q，R，S を結んで四角形 PQRS をつくる。
この四角形 PQRS が平行四辺形であることを証明しなさい。

〈大分県〉

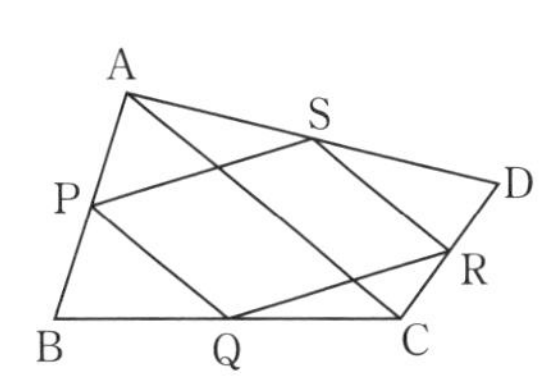

平行線と線分の比

例題

正答率 32%

右の図は，長方形 ABCD である。点 E は辺 BC 上の点で，BE：EC＝3：1 であり，点 F は辺 CD 上の点で，CF＝FD である。線分 AC と線分 EF との交点を P とするとき，AP：PC を求めなさい。

〈秋田県〉

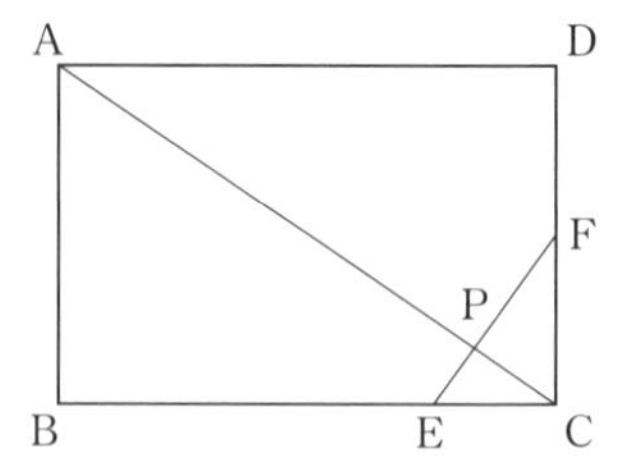

ミスの傾向と対策

▶線分の長さの比が求められない。

ここでは，EC：BC＝1：4 より，AP：PC＝4：1 とした解答が多いと考えられるが，EF は AD と交わっていないので，このままでは線分の比は使えない。線分の比が使えるように補助線をひく必要がある。右の解き方のように，FE に平行な直線をひくか，右の図のように EF と AD を延長した交点を G とすると，DF＝FC より，DG＝EC となり，

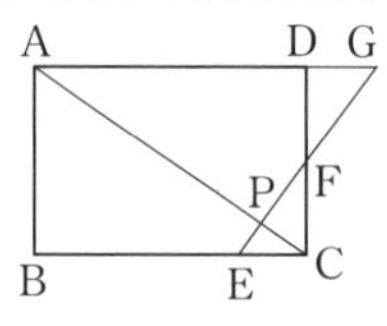

AP：PC＝AG：EC＝(4＋1)：1 として求められる。このように補助線を必要とする問題はよく出題される。補助線のひき方も一通りではないのでいろいろとためし，補助線の使い方を学習しよう。

解き方

D を通り，FE に平行な直線と BC との交点を G，AC との交点を Q とする。

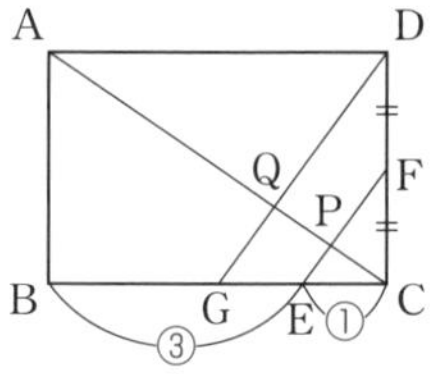

DF＝FC，DG∥FE より，

CP＝PQ，CE＝EG

また，AD∥BC より，AQ：QC＝AD：GC

＝(3＋1)：(1＋1)＝4：2

ここで，QP＝PC だから，

AP：PC＝(4＋1)：(2−1)＝5：1

解答 5：1

入試必出！ 要点まとめ

● **三角形と平行線の線分の比**

右の図で，BC∥DE とする。

AD：AB＝AE：AC

AD：DB＝AE：EC

DE：BC＝AD：AB＝AE：AC

AM＝MB，AN＝NC のとき

MN∥BC，MN＝$\frac{1}{2}$BC …中点連結定理

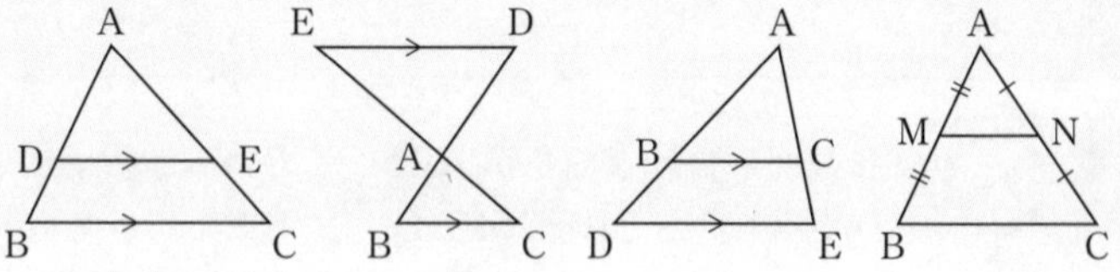

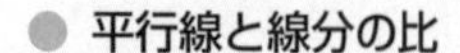

● **平行線と線分の比**

右の図で，ℓ∥m∥n とする。

$a:b=c:d$

$a:c=b:d$

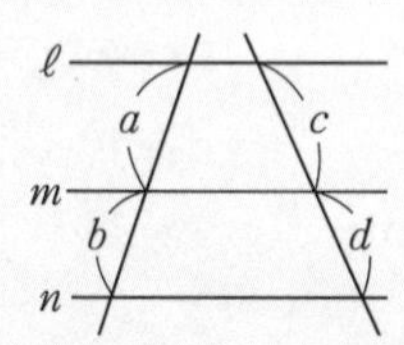

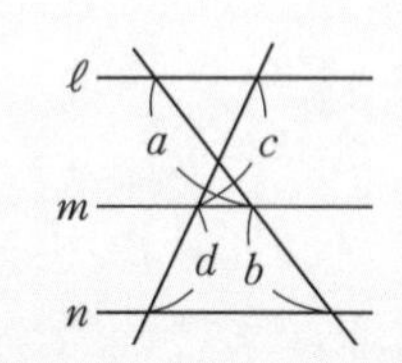

1 38%

右の図のように，△ABC の辺 BA を延長し，BA＝AD となるように点 D をとり，辺 BC を 3 等分する点をそれぞれ E，F とする。辺 AC と線分 DF の交点を G とする。
このとき，DG の長さを求めなさい。〈青森県〉

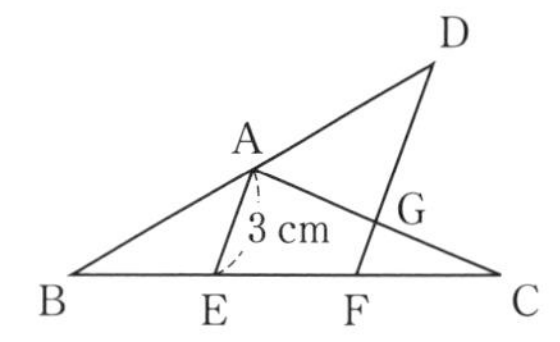

2

右の図のように，AB＝10 cm，AD＝6 cm，∠ABC＜90° である平行四辺形 ABCD において，∠DAB の二等分線と辺 BC の C の方へ延長した直線との交点を E とする。線分 AE と対角線 BD，辺 CD との交点をそれぞれ F，G とする。
次の問いに答えなさい。

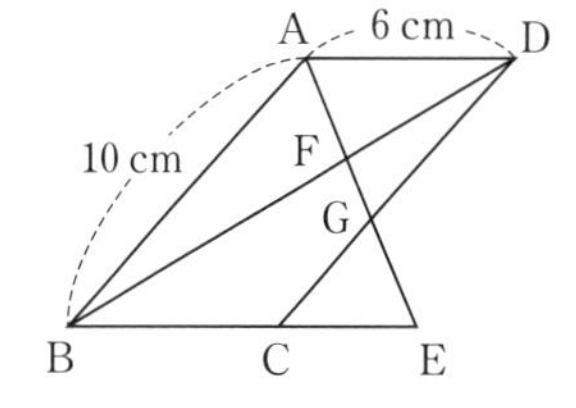

32% (1) 線分 AG と線分 GE の長さの比を求めなさい。

差がつく!! 1% (2) GE＝3 cm のとき，線分 FG の長さを求めなさい。〈宮城県・改〉

3 差がつく!! 24%

2 つの直線 p，q と，3 つの平行な直線 ℓ，m，n が，右の図のように交わっている。
AD＝5 cm，BE＝8 cm
CF＝10 cm，AB＝4 cm
である。このとき，BC の長さを求めなさい。〈長野県〉

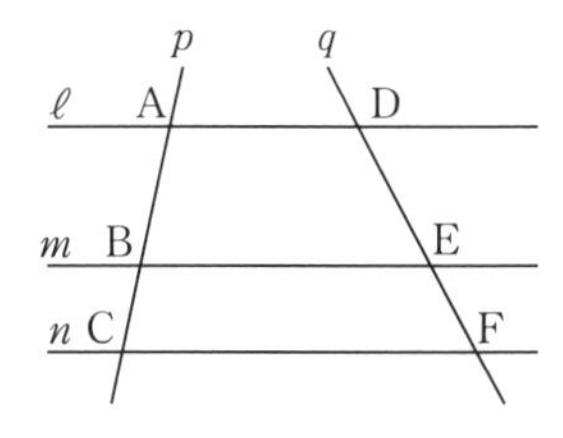

4 差がつく!! 18%

右の図のように，平行四辺形 ABCD がある。点 E は辺 AD 上の点であり，AE：ED＝2：1 である。線分 AC と線分 BE の交点を F，線分 BE と線分 CD をそれぞれ延長した直線の交点を G とする。BF＝4 cm のとき，線分 EG の長さを求めなさい。〈秋田県〉

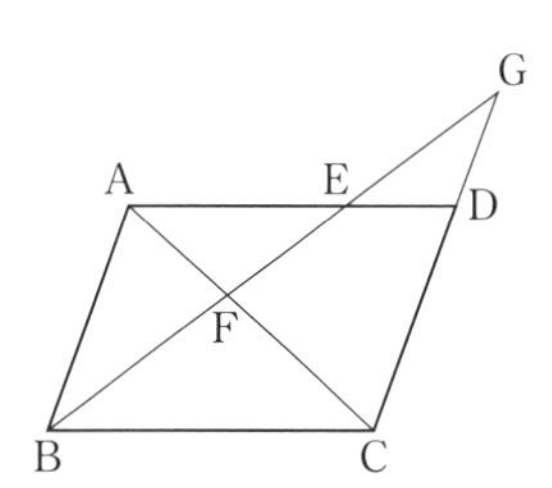

合同の証明

例題

正答率 差がつく!! 20%

縦と横の長さが異なる長方形の紙 ABCD を，頂点 D が頂点 B と重なるように折った。頂点 C が移った点を E，折り目の線分を FG とする。右の図は，折る前の図形と折った後の図形を表したものである。

△ABF と △EBG が合同になることを証明しなさい。

〈青森県・改〉

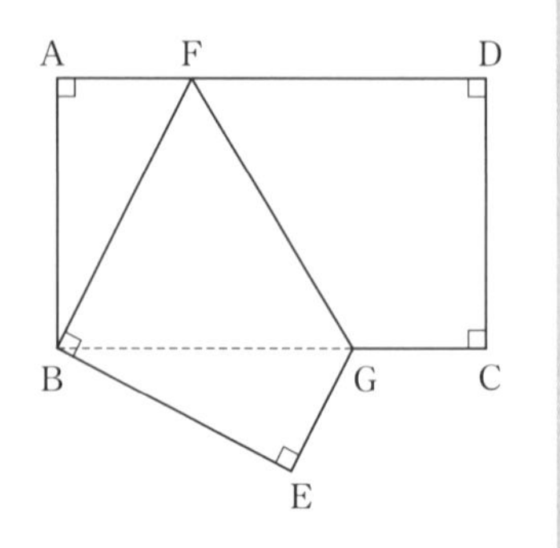

ミスの傾向と対策

▶条件にないことを使うミス。

条件にないものを使ったり，明らかでないものを，理由を書かずに等しいと決めたりするケースが考えられる。条件は何か，使える定理や図形の性質は何かをはっきりさせることが重要である。

▶証明のすすめ方がわからない。

記述式の証明問題は，証明のしかたがわからず，無答が多いと考えられる。図形の証明では，与えられた条件をはっきりさせ，結論を導くのに必要な事項，ここでは，合同条件を考える。次に，その事項のどれが使えるかを見きわめて証明にのぞむのであるが，記述のしかたは，教科書や問題集などで，多くの問題に当たって，練習しておこう。

証　明　△ABF と △EBG において，
四角形 ABCD は長方形だから，

AB＝EB …①

∠BAF＝∠BEG＝90° …②

∠ABF＝90°－∠FBG

∠EBG＝90°－∠FBG

よって，∠ABF＝∠EBG …③

①，②，③より，1 辺とその両端の角がそれぞれ等しいから，△ABF≡△EBG

入試必出! 要点まとめ

● **三角形の合同条件**…次のどれかが成り立つとき，△ABC と △DEF は合同である。

① 3 組の辺がそれぞれ等しい。
(AB＝DE，AC＝DF，BC＝EF)

② 2 組の辺とその間の角がそれぞれ等しい。
(AB＝DE，BC＝EF，∠B＝∠E)

③ 1 組の辺とその両端の角がそれぞれ等しい。
(AB＝DE，∠A＝∠D，∠B＝∠E)

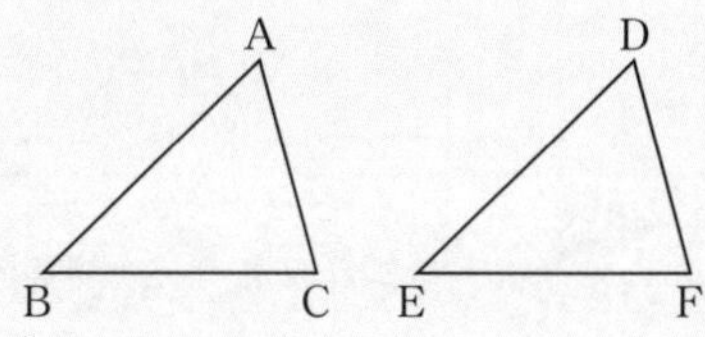

● **直角三角形の合同条件**…次のどちらかが成り立つとき，△ABC と △DEF は合同である。

① 斜辺と 1 つの鋭角がそれぞれ等しい。
(AB＝DE，∠A＝∠D)

② 斜辺と他の 1 辺がそれぞれ等しい。
(AB＝DE，AC＝DF)

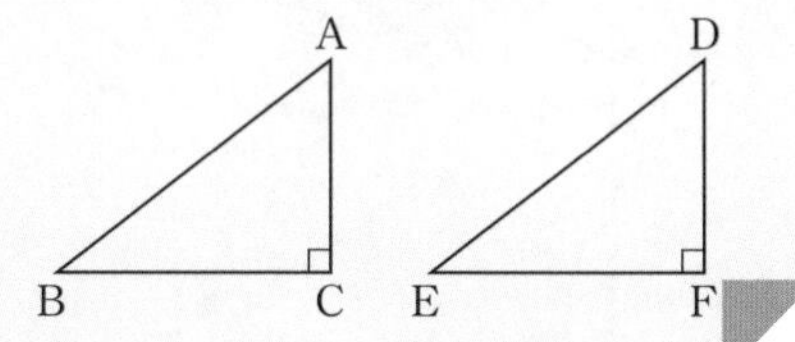

実力チェック問題

解答・解説 別冊 P. 10

1 49%

右の図のように，AB＝AC の直角二等辺三角形 ABC の辺 BC の延長上に点 D をとり，AD＝AE の直角二等辺三角形 ADE をつくる。辺 AD と EC との交点を F とする。
△ABD≡△ACE であることを証明しなさい。 〈岐阜県・改〉

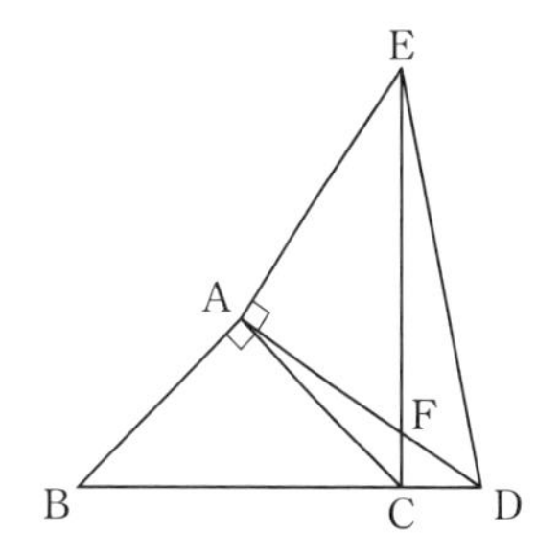

2 31%

右の図のように，正方形 ABCD がある。この正方形の辺 BC 上に点 E をとり，対角線 BD と線分 AE との交点を F とし，点 C と点 F を結ぶ。このとき，△ADF≡△CDF を証明しなさい。 〈高知県・改〉

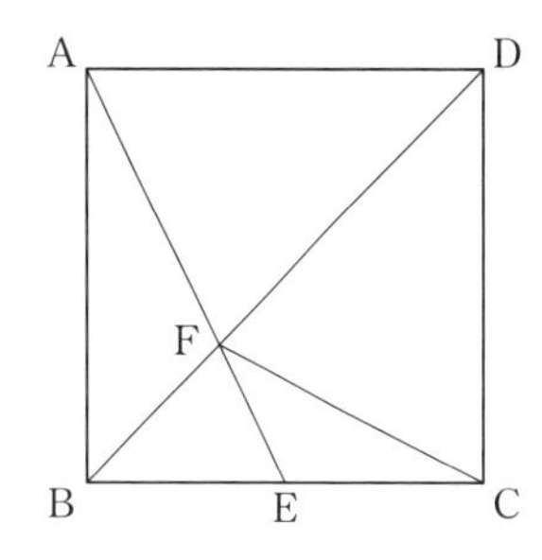

3 差がつく!! 15%

右の図のように，1 つの平面上に合同な 2 つの長方形 ABCD, EBFG があり，点 F は辺 AD 上の点である。また，線分 AF 上に点 H，辺 BF 上に点 I があり，GH⊥AF，AI⊥BF である。△ABI≡△GFH であることを証明しなさい。

〈広島県・改〉

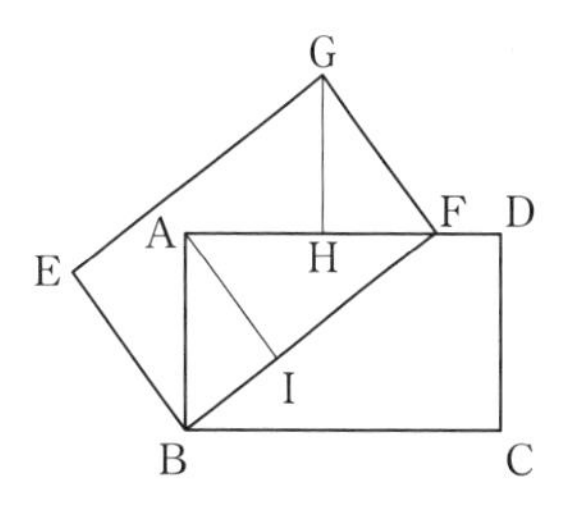

4 差がつく!! 8%

花子さんは，右の図のように 60° の角をもつ同じ大きさの三角定規 2 枚を重ねた。
△CDF と △EBF が合同になることを証明しなさい。

〈青森県〉

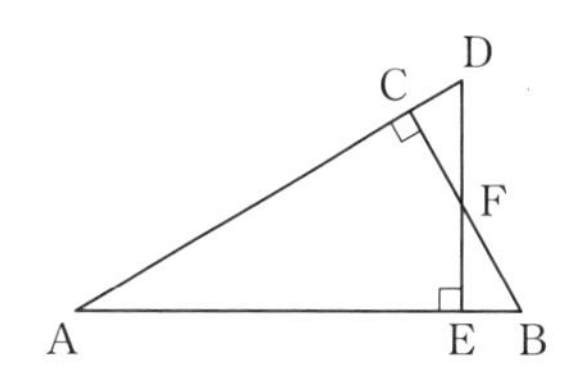

合同の利用

例題

正答率 ↓ 差がつく!! 22%

右の図において，△ABC は，∠BAC=90° の直角三角形である。∠ABC の二等分線と AC との交点を D とし，点 D から BC にひいた垂線と BC との交点を E とする。このとき，DA=DE であることを証明しなさい。 〈山形県・改〉

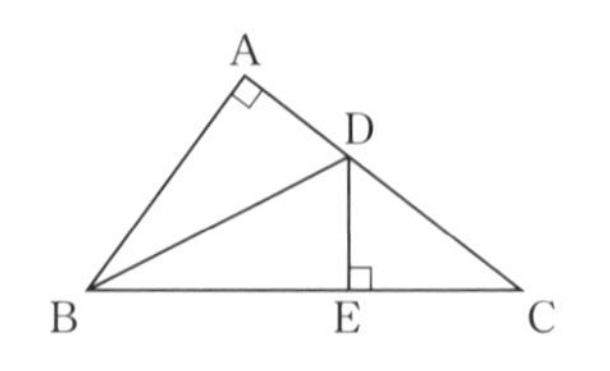

ミスの傾向と対策

▶DA=DE である根拠が見つけられない。

何を言えば DA=DE が言えるのかがわからず，無解答も多かったと考えられる。条件にあることを図に書き込むと，△ABD と △EBD とが合同であることが見えてくるのではないだろうか。

▶条件にあげられていないことを使っている。

合同の証明のときに，BD が共通で等しいことは明らかであるので，AB=EB として合同条件に結びつけるケースもあると考えられる。使用できる条件は何かをしっかりと確認しよう。

証明　△ABD と △EBD で，
仮定より，
∠BAD=∠BED=90°
∠ABD=∠EBD
BD は共通
よって，直角三角形の斜辺と 1 つの鋭角がそれぞれ等しいから，
△ABD≡△EBD
合同な図形の対応する辺だから，DA=DE

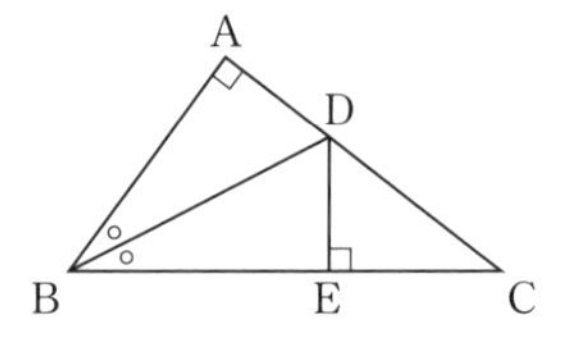

入試必出! 要点まとめ

線分の長さや角の大きさに関する証明問題では，図形の性質をしっかりと理解しておくことが重要である。記述式の証明問題では，正しい用語を使い，自分の考えを論理的に考察し，表現する力を身につける必要がある。

● **合同でよく使われる図形の性質**

- 平行四辺形　① 2 組の対辺がそれぞれ平行である。
  ② 2 組の対角がそれぞれ等しい。
  ③ 2 組の対辺がそれぞれ等しい。
  ④ 対角線は，それぞれの中点で交わる。

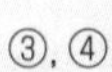

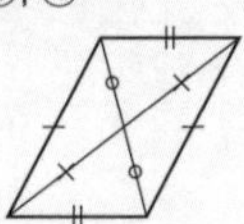

- 特別な平行四辺形
  ① 長方形の 4 つの角はみな 90° で，対角線の長さは等しい。
  ② ひし形の 4 つの辺はみな等しく，対角線は直交する。
  ③ 正方形の 4 つの角はみな 90° で，4 つの辺がすべて等しい。対角線は長さが等しく，直交する。
- 二等辺三角形
  ① 2 つの辺が等しい。
  ② 2 つの底角が等しい。
  ③ 頂角の二等分線は，底辺を垂直に 2 等分する。

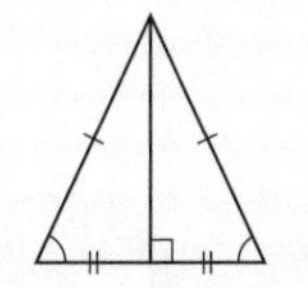

実力チェック問題

解答・解説 別冊 P. 11

1 46%

右の図で，△ABC と △DBE は，合同な三角形で，AB＝DB，BC＝BE，∠ABC＝70° である。
DA // BC のとき，∠EBC の大きさ x を求めなさい。 〈埼玉県〉

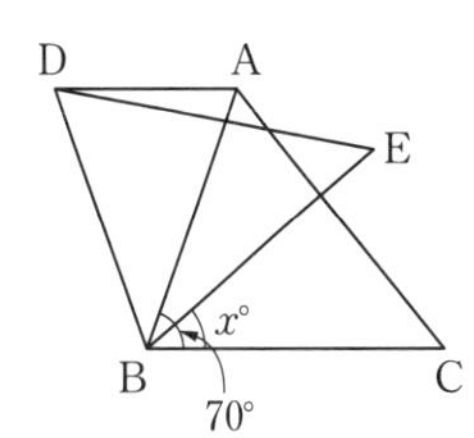

2

図において，四角形 ABCD は正方形である。E は辺 BC 上，F は辺 CD 上にあって CF＝BE である。A と E，B と F とを結ぶ。G は，線分 AE と線分 BF との交点である。

61% (1) △ABE≡△BCF であることを証明しなさい。

差がつく!! 9% (2) AE⊥BF であることを証明しなさい。 〈大阪府・改〉

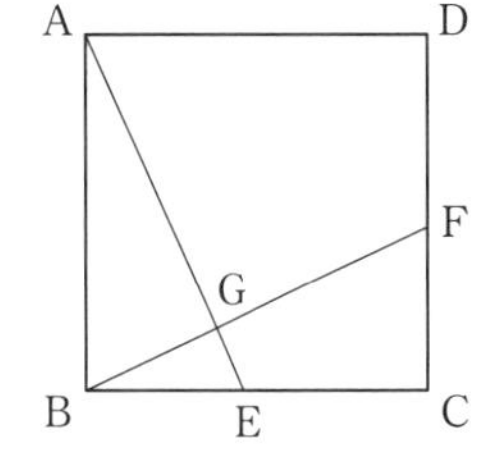

右の図で，△ABC≡△DEF であり，辺 FE は BC に平行である。点 D は辺 BC 上の点であり，点 A は辺 FE 上の点である。辺 AB と FD との交点を G，辺 AC と ED との交点を H とする。
四角形 AGDH は平行四辺形であることを証明しなさい。 〈岐阜県・改〉

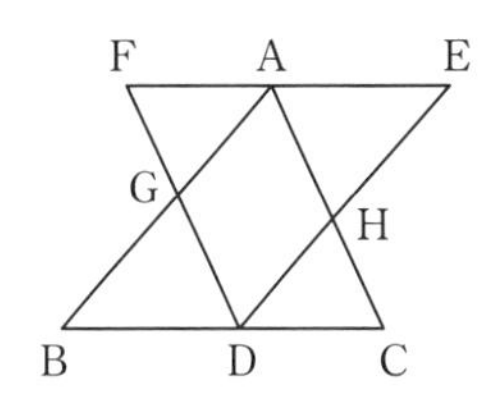

4 差がつく!! 6%

正三角形 ABC がある。
右の図のように，辺 AB 上に 2 点 A，B と異なる点 D を，辺 BC 上に 2 点 B，C と異なる点 E をとり，AE と CD との交点を F とする。
∠AFD＝60° であるとき，AE＝CD となることを証明しなさい。 〈福島県〉

相似の証明

例題

正答率 差がつく!! 14%

右の図のように，正三角形 ABC がある。この正三角形の辺 BC 上に点 D をとり，辺 AD を 1 辺とする正三角形 ADE をつくる。また，辺 AC と辺 DE の交点を F とする。このとき，△ABD∽△AEF を証明しなさい。〈高知県・改〉

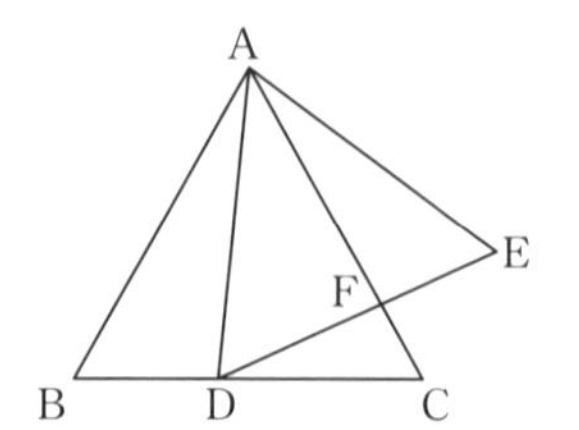

ミスの傾向と対策

▶相似の条件を導き出せない。

相似では，2 組の角が等しいか，辺の比が等しいことを用いるが，ここでは，辺の長さにふれていないので，2 組の等しい角を見つければよい。正答率が低かったのは，2 つの三角形がともに正三角形という条件を活用できなかったと考えられる。正三角形ということから，1 組の角は 60° で等しいので，もう 1 組の等しい角を見つければよい。この問題のように，等しい角から共通の角をひくという手法はよく用いられる。相似の証明も，合同の証明と同様に，記述式で論理的に考察し，表現する練習をしておこう。

証明

△ABD と △AEF で，
△ABC と △ADE は正三角形より，
∠ABD＝∠AEF＝60° …①
∠BAD＝60°－∠DAC
∠EAF＝60°－∠DAC
よって，∠BAD＝∠EAF …②
①，②より，2 組の角がそれぞれ等しいから，
△ABD∽△AEF

入試必出! 要点まとめ

- **相似な図形**…相似な図形では，対応する線分の長さの比はすべて等しく，対応する角の大きさは，それぞれ等しい。
- **三角形の相似条件**…2 つの三角形は，次のどれかが成り立つとき相似である。
  - ① 3 組の辺の比がすべて等しい。
  - ② 2 組の辺の比とその間の角がそれぞれ等しい。
  - ③ 2 組の角がそれぞれ等しい。

①

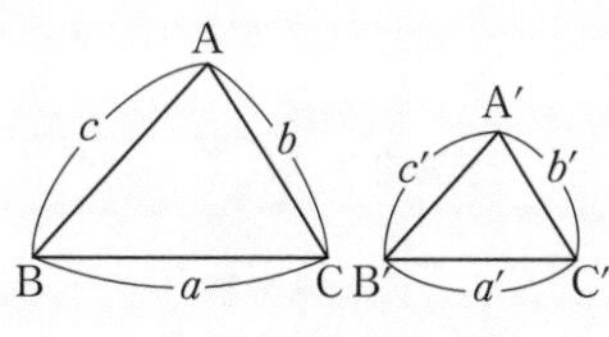

$a : a'=b : b'=c : c'$

②

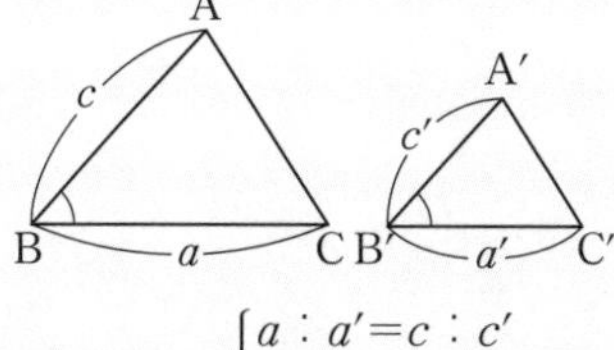

$\begin{cases} a : a'=c : c' \\ \angle B=\angle B' \end{cases}$

③

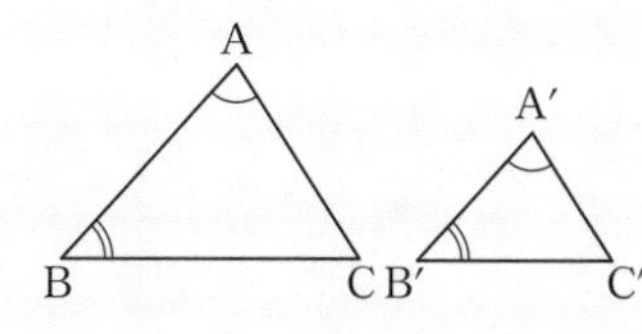

$\begin{cases} \angle A=\angle A' \\ \angle B=\angle B' \end{cases}$

1 43%

長方形 ABCD がある。
図は，辺 AD 上に∠BPC＝90° となるような点 P をとったものである。このとき，△ABP∽△PCB となることを証明しなさい。

〈秋田県・改〉

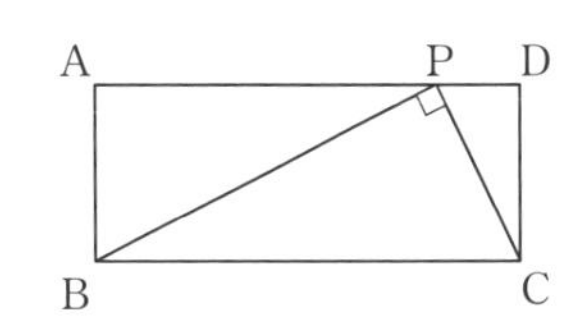

2

右の図のように，AB＜BC である長方形 ABCD の，対角線 AC と BD の交点を E とする。この長方形を線分 BD を折り目として折り返したとき，辺 BC が線分 AE と交わる点を
……もとにもどし，点 B と点 F
……三角形ではないものとする。

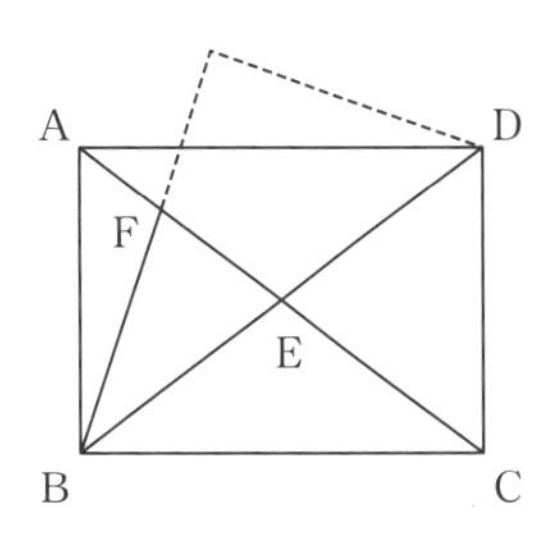

……がいくつかある。そのうちの

……のうち，△EBF と相似な三角形を答えなさい。

〈宮城県・改〉

……さの比が 1 : $\sqrt{2}$ の長方形 ABCD を，次の①～③のよう

……辺 BC に重なるように折ったとき，点 A が移った点を
……を BF とし，線分 EF をかく。
……線分 BF が辺 BC に重なるように折ったとき，点 F は

……，②でできた 2 本の折り目の線と辺 CD，AD との交点
……。また，線分 BF，BG，BH，FG をかき，線分 EF と

……H と △CBG が相似であることを証明しなさい。

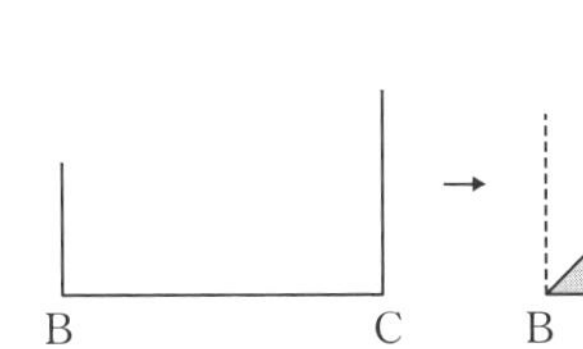

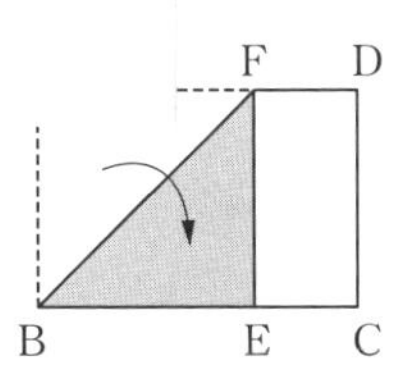

図 3

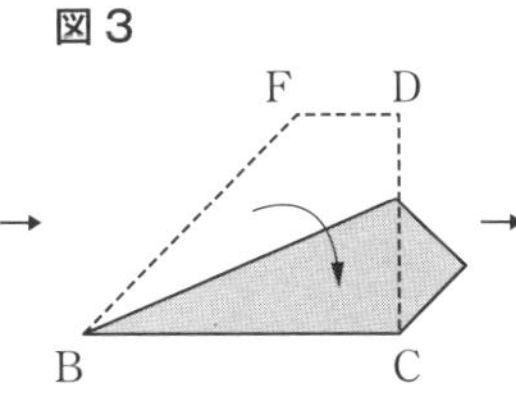

図 4

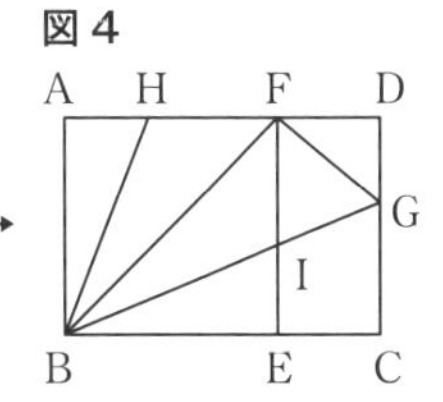

〈埼玉県・改〉

相似の利用

例題

正答率

差がつく!!

19%

右の図のように，$\angle ABC=90°$ の直角三角形ABCにおいて，頂点Bから辺ACに垂線BDを引く。また，$\angle BAC$ の二等分線と辺BC，BDとの交点をそれぞれE，Fとする。このとき，$BE=BF$ であることを証明しなさい。〈栃木県〉

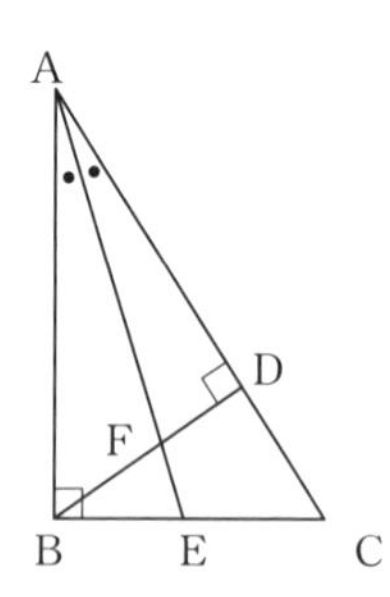

ミスの傾向と対策

▶$BE=BF$ となる根拠がわからない。

辺の長さが等しいことから，合同な三角形をさがそうとしたと考えられる。
ここでは，合同な三角形はないので，方針を転換しなくてはならない。そこで，結論から考えて，$BE=BF$ より，$\triangle BFE$ は二等辺三角形であることに着目しよう。$\angle BFE=\angle BEF$ が言えればよいことから，相似な三角形をさがせばよい。直角三角形では，1つの角がわかっているので，もう1つの等しい角を見つけるのは容易である。
右の証明では，$\triangle ABD \backsim \triangle ACB$ を利用したが，$\triangle ABE \backsim \triangle ADF$ と $\angle AFD=\angle BFE$ の利用でもよい。こちらの証明も自分で試みてみよう。

証明

$\triangle ABD$ と $\triangle ACB$ で，
$\angle BAD=\angle CAB$（共通）
仮定より，
$\angle ADB=\angle ABC=90°$
よって，2組の角がそれぞれ等しいから，$\triangle ABD \backsim \triangle ACB$
よって，$\angle ABD=\angle ACB$ …①
$\triangle AEC$ で，$\angle AEB=\angle ACB+\angle EAC$ …②
$\triangle ABF$ で，$\angle BFE=\angle ABD+\angle BAE$ …③
仮定より，$\angle EAC=\angle BAE$ …④
①，②，③，④より，$\angle AEB=\angle BFE$
よって，$\triangle BEF$ は二等辺三角形だから，
$BE=BF$

入試必出! 要点まとめ

● **相似の証明でよく使われる角**

- 平行線と角
  平行線の同位角，錯角はそれぞれ等しい。
  右の**図1**で，$\ell /\!/ m$ のとき
  同位角…$\angle a=\angle c$，$\angle b=\angle d$，$\angle e=\angle g$，$\angle f=\angle h$
  錯角…$\angle b=\angle g$，$\angle f=\angle c$
- 2直線が交わるとき，対頂角は等しい。
  右の**図2**で，$\angle a=\angle c$，$\angle b=\angle d$
- 三角形の内角と外角
  右の**図3**で，$\angle a+\angle b+\angle c=180°$，$\angle e+\angle f+\angle d=360°$
  $\angle e=\angle b+\angle c$，$\angle f=\angle a+\angle c$，$\angle d=\angle a+\angle b$

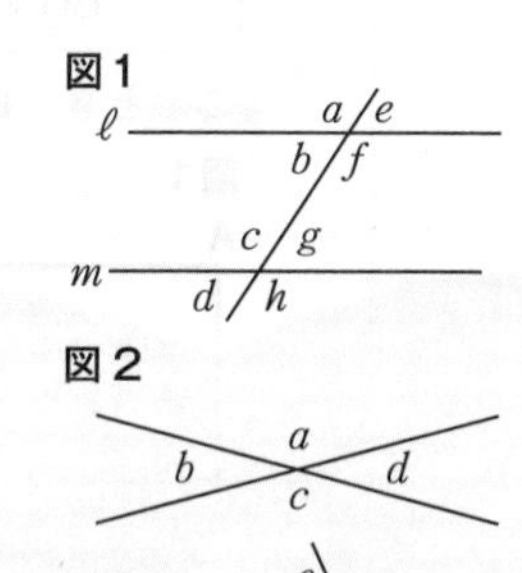

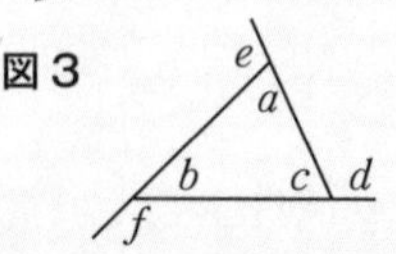

実力チェック問題

解答・解説 別冊 P. 12

1

右の図のように，線分 AB に点 C，D から垂線をひき，その交点をそれぞれ E，F とする。
また，線分 CF と DE の交点を G とする。
EF＝8 cm，CE＝10 cm，DF＝6 cm のとき，次の問いに答えなさい。

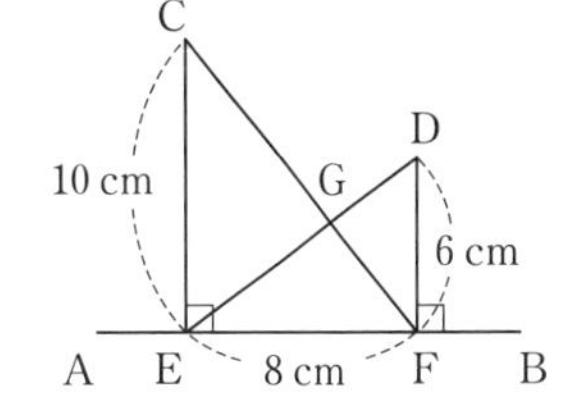

28%

(1) △CGE と △FGD が相似になることを証明しなさい。

差がつく!! 15%

(2) △EFG の面積を求めなさい。 〈青森県〉

2

右の図のように，∠BAC＝90°，∠ABC＝60° の直角三角形 ABC がある。
点 A から辺 BC に垂線 AD をひき，点 D から辺 AB に垂線 DE をひく。

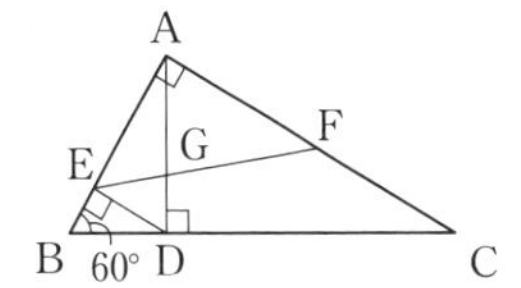

辺 AC の中点を F とし，2 点 E，F を通る直線と，線分 AD との交点を G とすると，AG : GD＝2 : 1 となる。
下の［　］の中は，AG : GD＝2 : 1 の証明を途中まで示してある。

証明

> △GFA と △GED において，対頂角は等しいから，
> 　∠AGF＝∠DGE ……①
> 仮定より，∠CAB＝∠DEB＝90° なので，同位角が等しいから，
> 　AC // ED ……②
> よって，平行線の錯角は等しいから，
> 　∠GAF＝［(a)］ ……③
> ①，③から，［(b)］ので，
> 　△GFA∽△GED ……④
> (続く)

次の問いに答えなさい。

絶対落とすな!! (a) 82%

(b) 78%

(1) ［　］の中の［(a)］，［(b)］の中に入る最も適当なものを，次のア～カのうちからそれぞれ 1 つずつ選び，符合で答えなさい。

ア　∠GFA
イ　∠GDE
ウ　∠GED
エ　3 組の辺の比がすべて等しい
オ　2 組の辺の比とその間の角がそれぞれ等しい
カ　2 組の角がそれぞれ等しい

差がつく!! 1%

(2) ［　］の中の証明の続きを書き，証明を完成させなさい。
ただし，［　］の中の①～④に示されている関係を使う場合，番号の①～④を用いてもかまわないものとする。 〈千葉県〉

円周角の定理

例題

正答率 36%

右の図の円Oで，太線の$\overset{\frown}{AB}$を4等分する3つの点をとり，点Aに近いほうから点C，D，Eとする。$\angle AEB=20°$のとき，$\angle CAE$の大きさxを求めなさい。

〈埼玉県〉

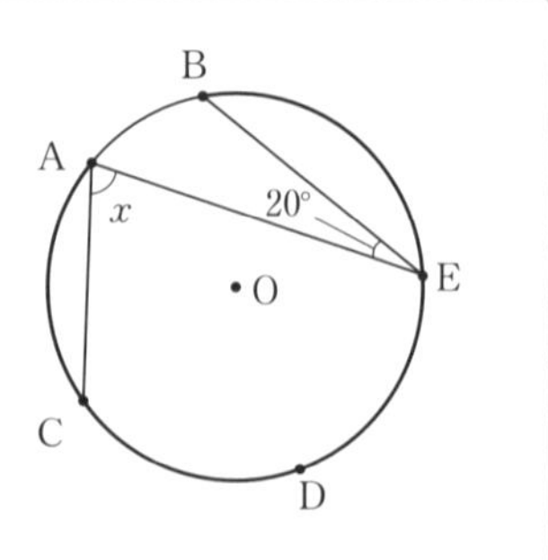

ミスの傾向と対策

▶与えられた条件を活用できない。

AとOを結び，見た目でBE∥AOとしたり，BCとAEが垂直と考え，$\angle ACB=20°$より直角三角形の内角として求めたりするまちがいが考えられる。見た目で直感的に考えるのは必要なことではあるが，それが正しい判断であるかどうかの検証をしなくてはいけない。ここでは，円周角と中心角の関係だけでなく，弧の4等分点という条件を活用しただろうか。

$\overset{\frown}{AC}=\overset{\frown}{CD}=\overset{\frown}{DE}=\overset{\frown}{EB}$より，$\angle COE$は，点Oのまわりの角$(360°-40°=)320°$を4等分した2つ分である。

解き方

$\overset{\frown}{AB}$に対する円周角と中心角より，

$\angle AOB=2\times20°=40°$

よって，$\angle AOB$の大きいほうの角は，

$\angle AOB=360°-40°=320°$

点C，D，Eは，

$\overset{\frown}{ADB}$の4等分点だから，

$\angle COE=320°\times\frac{2}{4}=160°$

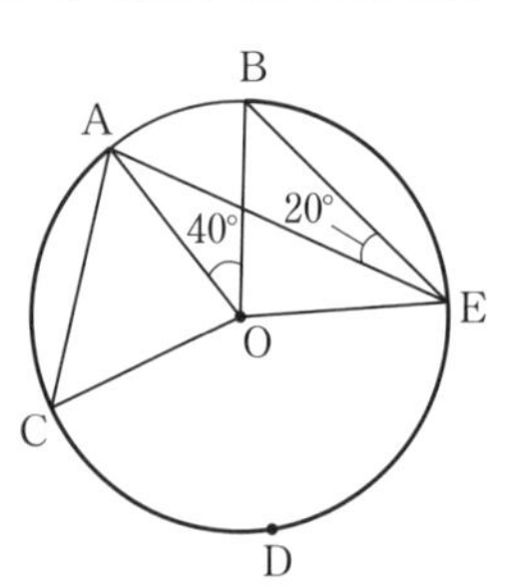

$\overset{\frown}{CE}$の円周角と中心角より，$\angle x=160°\div2=80°$

解答 80度

入試必出! 要点まとめ

● **中心角と弧(図1)**

- 1つの円において，等しい中心角に対する弧の長さは等しく，等しい弧に対する中心角の大きさは等しい。　$\overset{\frown}{AB}=\overset{\frown}{EF}\Leftrightarrow\angle a=\angle c$
- 中心角の大きさと，これに対する弧の長さは比例する。

$\overset{\frown}{CD}=2\overset{\frown}{AB}\Leftrightarrow\angle b=2\angle a$

図1

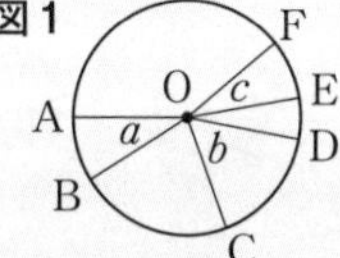

● **円周角と中心角(図2)**

- 1つの円において，1つの弧に対する円周角の大きさは，その弧に対する中心角の半分の大きさに等しい。　$\angle AEB=\frac{1}{2}\angle AOB$
- 半円の弧に対する円周角は90°である。　ADが円の直径$\Leftrightarrow\angle AED=90°$

図2

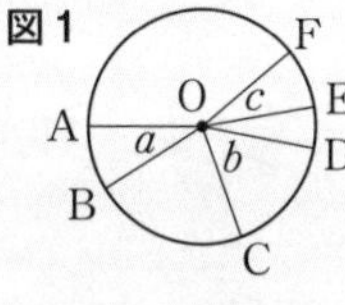

● **円周角(図3)**

- 1つの弧に対する円周角の大きさはすべて等しい。　$\angle AGB=\angle AEB$
- 長さが等しい弧に対する円周角の大きさは等しい。
- 大きさが等しい円周角に対する弧の長さは等しい。

$\overset{\frown}{AB}=\overset{\frown}{CD}\Leftrightarrow\angle AGB=\angle CFD$

図3

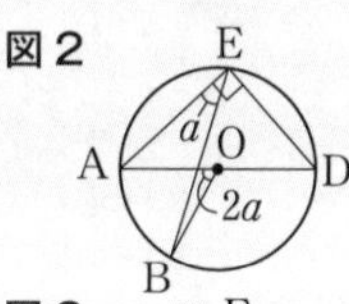

実力チェック問題

解答・解説 別冊 P. 12

1 46%

右の図で，点 A，B，C，D は円 O の円周上の点で，線分 AC は円 O の直径，点 E は AC と BD の交点である。このとき，$\angle x$ の大きさを求めなさい。

〈長野県〉

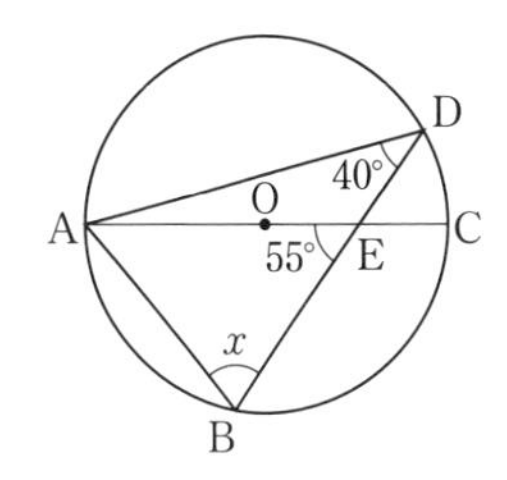

2 41%

右の図のように，円 O の円周上に 5 つの点 A，B，C，D，E があり，線分 AD は円の中心 O を通り，線分 AB と線分 EC は平行である。$\angle$DAB＝56°，$\angle$CEB＝32° であるとき，$\angle$CDA と $\angle$DCE の大きさを，それぞれ答えなさい。

〈新潟県〉

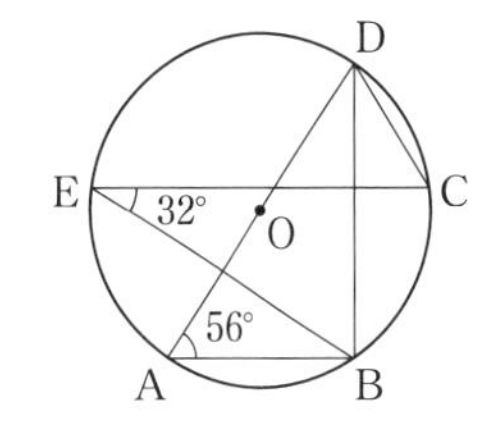

3

右の図において，線分 OA は円 O の半径であり，2 点 B，C は円 O の周上の点で，線分 OA と線分 BC は垂直である。
また，点 D は点 A をふくまない $\overset{\frown}{\mathrm{BC}}$ 上の点である。
OA＝10 cm，$\angle$ACB＝34°，$\angle$OBD＝41° のとき，点 A をふくまない $\overset{\frown}{\mathrm{CD}}$ の長さを求めなさい。ただし，円周率は π とする。

〈神奈川県〉

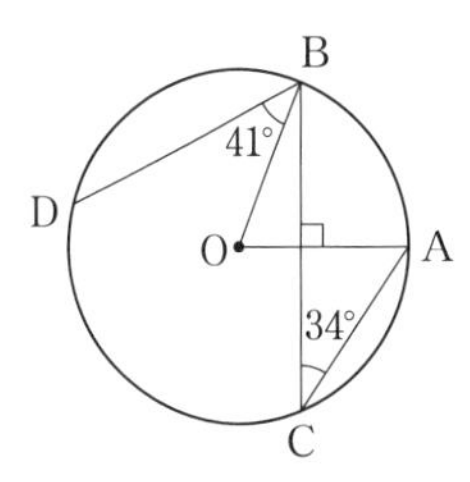

4

右の図のように，円 O の円周上に 4 点 A，B，C，D があり，AC は円 O の直径である。点 D における円 O の接線と，AC の延長との交点を E とする。
$\angle$AED＝42° のとき，$\angle$ABD の大きさは何度か求めなさい。

〈広島県〉

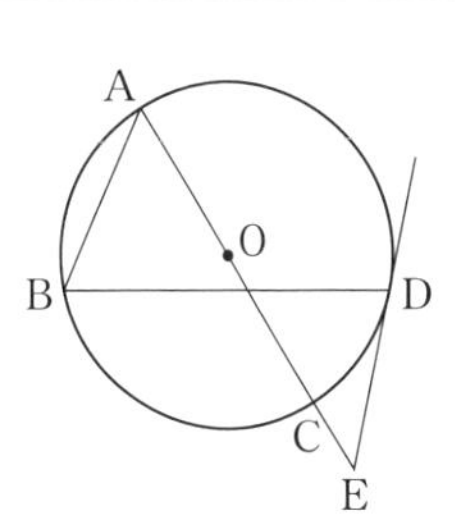

円周角と相似

例題

正答率

差がつく!! (1) 6%

差がつく!! (2) 2%

右の図のように，点 O を中心とし，線分 AB を直径とする円 O がある。円 O の周上に，2 点 A，B と異なる点 C をとり，線分 BC の中点を D とする。線分 OD を D のほうへ延長した線と，点 B を通る円 O の接線との交点を E とする。また，線分 OE と円 O との交点を F とする。AB＝12 cm，AC＝8 cm であるとき，次の問いに答えなさい。

(1) △ABC と △OEB が相似であることを証明しなさい。

(2) 四角形 ABFC の面積は △BEF の面積の何倍になるか，求めなさい。

〈山形県・改〉

ミスの傾向と対策

▶証明の論証ができない。

ここでは見た目で，AC∥OE より ∠CAB＝∠BOE とした答案が多かったと考えられるが，なぜ平行なのかの理由が書かれていないと，正解にはならない。条件に書かれていないことは，なぜそうなるのか，根拠を明確にすることが重要である。

解き方

(1) △ABC と △OEB で，

AB は直径だから，∠ACB＝90°

EB は円 O の接線だから，∠OBE＝90°

よって，∠ACB＝∠OBE …①

また，O は AB の中点，D は CB の中点だから，中点連結定理より，AC∥OD

よって，∠CAB＝∠BOE（同位角）…②

①，②より，2 組の角がそれぞれ等しいから，

△ABC∽△OEB

(2) (1)より，AB：OE＝AC：OB だから，

12：OE＝8：6，OE＝12×6÷8＝9 (cm)

OF は円 O の半径だから，EF＝9−6＝3 (cm)

OF：EF＝2：1 より，

△BOF＝2△BEF

底辺と高さが等しいから，

△FAO＝△BOF＝2△BEF

△FCA：△FAO

＝AC：OF＝8：6＝4：3

よって，$\triangle FCA=\frac{4}{3}\triangle FAO=\frac{8}{3}\triangle BEF$ より，

四角形 ABFC＝△FCA＋△FAO＋△BOF

$=\left(\frac{8}{3}+2+2\right)\triangle BEF=\frac{20}{3}\triangle BEF$

解答 (1) 解き方参照　(2) $\frac{20}{3}$ 倍

入試必出！ 要点まとめ

円と相似では，円周角の定理が最もよく使われるが，円の接線や直径に対する角，三角形の内角の和の利用，弧の長さの比なども用いられる。

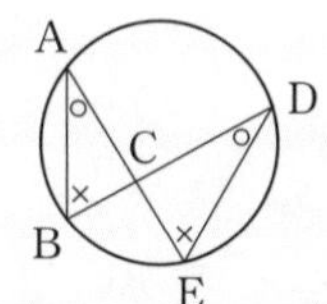

△ABC∽△DEC

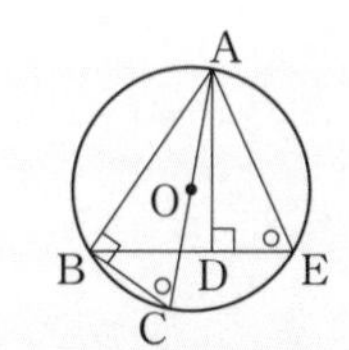

△ABC∽△ADE

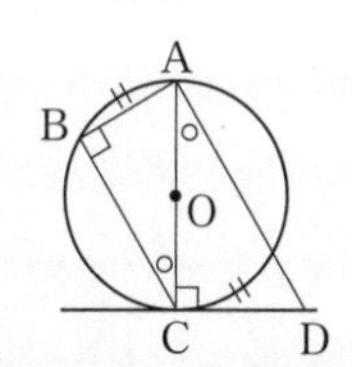

△ABC∽△DCA

実力チェック問題

解答・解説 別冊 P. 13

1

右の図は，線分 AB を斜辺とする直角三角形 ABC と，3 つの頂点 A，B，C を通る円の点 B を含まない $\overset{\frown}{AC}$ 上に 2 点 A，C と異なる点 P をとり，2 直線 AP，BC の交点を Q とし，点 C と点 P を結んだものである。また，2 つの線分 AC，BP の交点を R とするとき，次の問いに答えなさい。

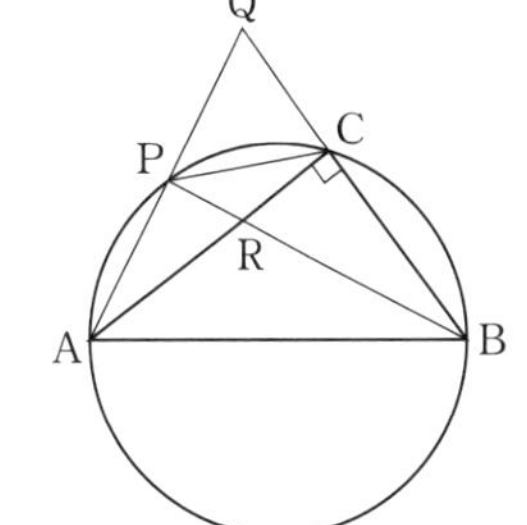

43%

(1) ∠PAB=63° のとき，∠ACP の大きさを求めなさい。

32%

(2) △ARP∽△BQP であることを証明しなさい。〈鹿児島県・改〉

2

右の図で，4 点 A，B，C，D は円 O の円周上の点である。
また，点 B を通り CD に平行な直線と，DA を延長した直線との交点を E とする。
次の問いに答えなさい。

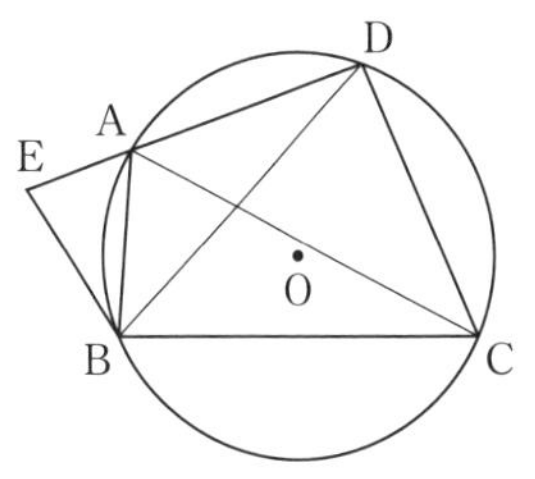

(1) △ABC∽△BED であることを証明しなさい。

(2) AE=2 cm，BE=3 cm，CD=5 cm，BC=2AB のとき，

30%

① AD の長さを求めなさい。

② △BCD の面積は △ABD の面積の何倍であるかを求めなさい。〈岐阜県〉

3

右の図のように，辺 BC が共通な △ABC と △CBD がある。
AB∥CD とする。3 点 C，B，D を通る円 O と，辺 AC の交点を E とする。
次の問いに答えなさい。

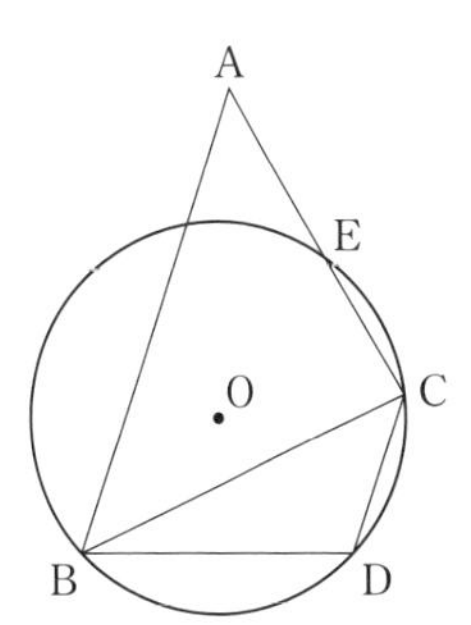

28%

(1) ∠BCD=46° のとき，∠ODB の大きさを求めなさい。

(2) △ABC∽△BED を証明しなさい。〈北海道〉

三角形，四角形と三平方の定理

例題

右の図のように1組の三角定規を重ねた。斜線部の面積を求めなさい。〈青森県・改〉

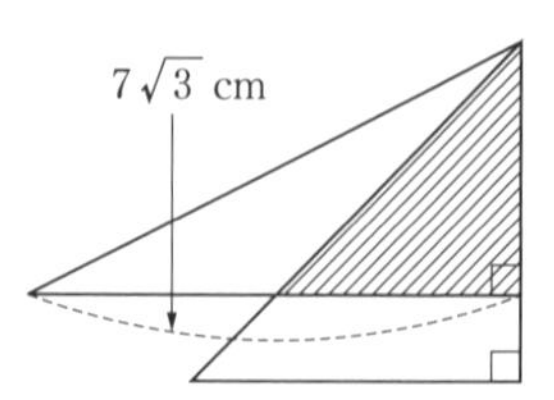

正答率 31%

ミスの傾向と対策

▶面積が求められない。

ここでは，辺の比が直接書かれていないため，与えられている$7\sqrt{3}$ cmをもとに他の辺の長さを求めることができなかったと考えられる。また，3辺の比をまちがえて，短い方の辺を$\frac{7\sqrt{3}}{2}$ cmとしたミスも考えられる。1つの三角定規は，30°，60°の角をもつ直角三角形で，3辺の比は，$1:2:\sqrt{3}$で，斜辺が2にあたる。もう1つの三角定規は，45°の角をもつ直角二等辺三角形で，3辺の比は，$1:1:\sqrt{2}$である。特別な直角三角形については，角の大きさと，辺の比がすぐに出てくるようにしよう。

解き方

右の図で，

△ABCの3辺の比は，$1:2:\sqrt{3}$より，

AC＝7 cm

△AFCの3辺の比は，

$1:1:\sqrt{2}$より，

FC＝AC＝7 cm

よって，求める面積は，

$\triangle AFC=\frac{1}{2}\times AC\times FC=\frac{49}{2}$ (cm²)

解答 $\frac{49}{2}$ cm²

入試必出！ 要点まとめ

● **三平方の定理**

右の**図1**の三角形で，$\angle C=90° \Leftrightarrow a^2+b^2=c^2$

● **特別な直角三角形(三角定規の三角形)**

- 直角二等辺三角形
  右の**図2**で，$AC:BC:AB=1:1:\sqrt{2}$
- 60°の角をもつ直角三角形
  右の**図3**で，$AC:AB:BC=1:2:\sqrt{3}$

● **正三角形への応用**

右の**図4**の1辺の長さがaの正三角形で，

高さ$=\frac{\sqrt{3}}{2}a$，面積$=\frac{1}{2}\times a\times\frac{\sqrt{3}}{2}a=\frac{\sqrt{3}}{4}a^2$

図1

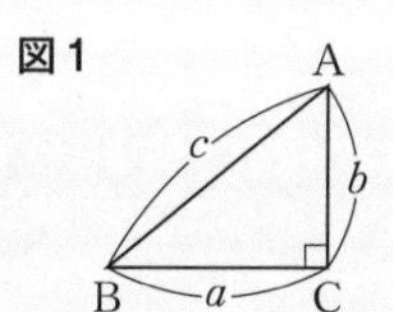

図2

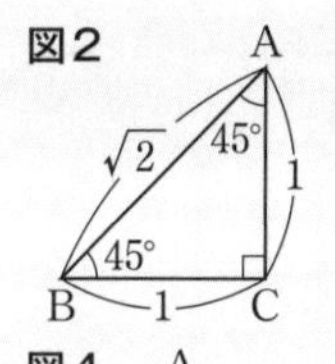

図3

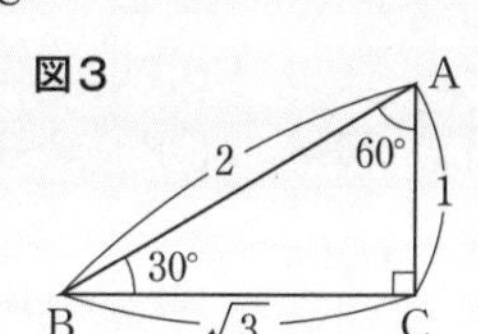

図4

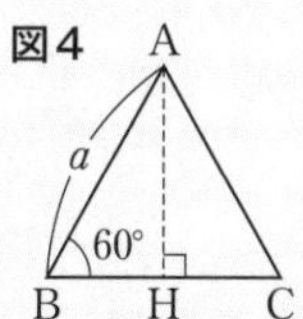

実力チェック問題

解答・解説 別冊 P. 13

1 47%

右の図のように，BC＝20 cm，CD＝15 cm，AD∥BC，∠ADC＝90° の台形 ABCD がある。
AD＝15 cm としたとき，辺 AB の長さを求めなさい。〈北海道・改〉

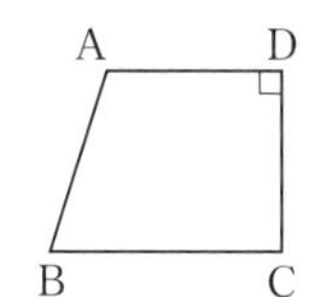

2

右の図のように，AD∥BC の台形 ABCD があり，AD＝4 cm，BC＝12 cm，∠ADC＝90°，∠DAC＝60° である。線分 AC と線分 BD の交点を E とする。次の問いに答えなさい。

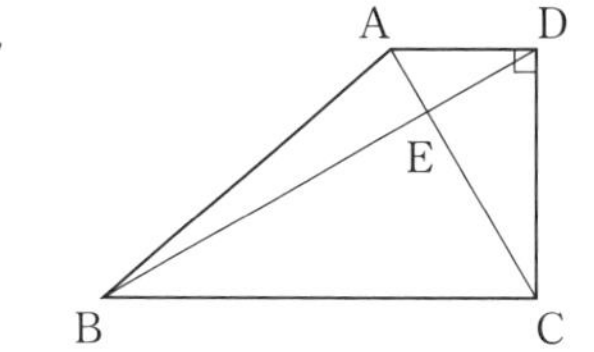

69% (1) ∠ACB の大きさを求めなさい。

差がつく!! 19% (2) 線分 BD の長さを求めなさい。

差がつく!! 9% (3) 三角形 EBC の面積を求めなさい。〈秋田県〉

3

四角形 ABCD は，∠ABC が鋭角の平行四辺形である。
点 P は辺 BC 上にある点で，頂点 B，頂点 C のいずれにも一致しない。
頂点 A と点 P，頂点 D と点 P をそれぞれ結ぶ。
頂点 A と頂点 C を結んだとき，AC＞AB となる場合で AB＝AP のとき，次の問いに答えなさい。

48% (1) △APD≡△DCA であることを証明しなさい。

差がつく!! 6% (2) 対角線 AC と線分 DP との交点を Q とした場合を考える。
AB＝3 cm，BC＝6 cm，BP＝4 cm のとき，△AQD の面積を求めなさい。
ただし，答えに根号が含まれているときは，根号を付けたままで表しなさい。〈東京都・改〉

4 差がつく!! 14%

右の図のような正方形 ABCD があり，辺 AD の中点を E，辺 BC の中点を F とする。
また，辺 CD 上に点 G を CG：GD＝3：1 となるようにとり，線分 BG と線分 EF との交点を H，線分 BG と線分 CE との交点を I とする。
AB＝8 cm のとき，線分 HI の長さを求めなさい。〈神奈川県〉

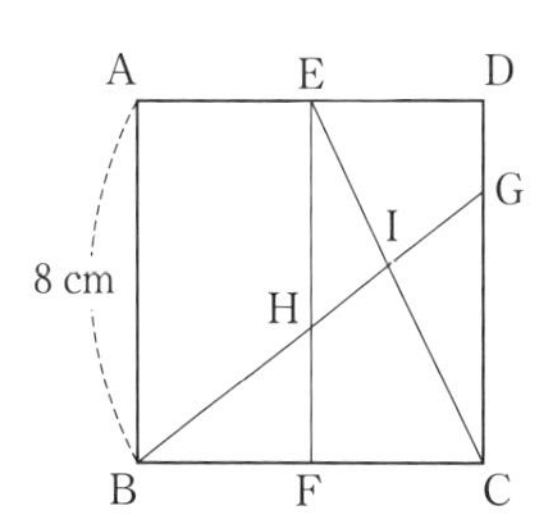

円と三平方の定理

例題

正答率

差がつく!! (1) 13%

差がつく!! (2) 1%

右の図のような，半径 9 cm の円 O がある。弦 AB の長さを 9 cm とし，直径 BC 上に点 D を BD：DC＝1：2 となるようにとる。また，線分 AD を D の方へ延長した直線と，円 O との交点を E とする。さらに，点 A と点 C，点 B と点 E をそれぞれ結ぶ線分をひく。

(1) 点 D から線分 AB に垂線をひき，その交点を H とする。線分 DH の長さを求めなさい。

(2) 線分 AE の長さを求めなさい。

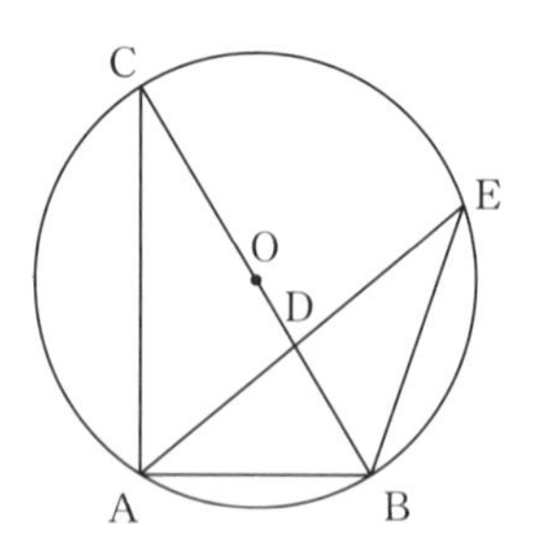

〈宮城県・改〉

ミスの傾向と対策

▶ **(1)**で △DHB が直角三角形だということに気づかないから三平方の定理が使えない。

BC が円 O の直径，∠BAC＝90° より，DH∥CA だから，BH：BA＝BD：BC＝1：(1＋2)＝1：3 から，BD，BH の長さが求められる。また，AB：BC＝1：2，∠CAB＝90° より，60° の角をもつ直角三角形の 3 辺の比から，BD の長さをもとに DH を求めることもできる。円で，直径が与えられたら，まず 90° の角，三平方の定理を考えよう。

▶ **(2)**で AE の長さの求め方がわからない。

△DCA∽△DEB で，BD：DC＝1：2 より相似比を 1：2 としたミスも多いと考えられるが，対応しているのは AD と BD なので，相似比は 1：2 ではない。ここで，△DAB に着目すると，**(1)**でBH と DH が求められているので，AH もわかり，△DAH，△DBH に三平方の定理を用いると，DA，DB が求められる。求め方の糸口が見つからないときは，結論から逆にたどって，結論を導くのに何がわかればよいかを考えてみよう。

解き方

(1) 仮定より，∠DHB＝90°

BC は直径より，∠CAB＝90°

よって，DH∥CA で，BD：BC＝1：3，

BC＝9×2＝18 (cm) より，

$BD=\frac{1}{3}BC=6$ (cm)，$BH=\frac{1}{3}AB=3$ (cm)

よって，△BDH で，三平方の定理より，

$DH=\sqrt{BD^2-BH^2}=\sqrt{36-9}=3\sqrt{3}$ (cm)

(2) AH＝AB－BH＝9－3＝6 (cm)

△DAH で，三平方の定理より，

$AD=\sqrt{DH^2+AH^2}=\sqrt{27+36}=3\sqrt{7}$ (cm)

ここで，同じ弧に対する円周角は等しいから，2 組の角がそれぞれ等しく，△ACD∽△BED

よって，AD：BD＝CD：ED より，

$3\sqrt{7}:6=(18-6):DE$，$3\sqrt{7}\,DE=72$

$DE=\frac{72}{3\sqrt{7}}=\frac{24\sqrt{7}}{7}$ (cm)

$AE=3\sqrt{7}+\frac{24\sqrt{7}}{7}=\frac{45\sqrt{7}}{7}$ (cm)

解答 **(1)** $3\sqrt{3}$ cm **(2)** $\frac{45\sqrt{7}}{7}$ cm

入試必出! 要点まとめ

円と三平方の定理では，接線や直径に対する円周角，円の中心から弦にひいた垂線の性質(弦を垂直に 2 等分する)などがよく用いられる。

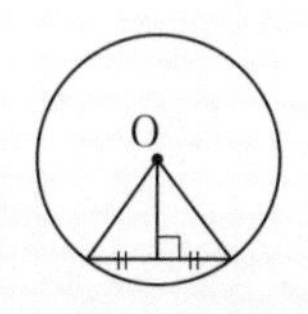

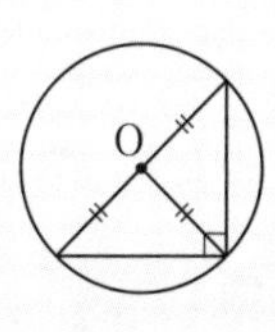

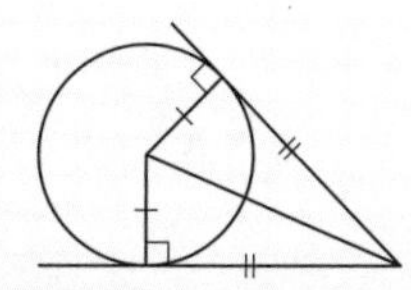

実力チェック問題

解答・解説 別冊 P. 14

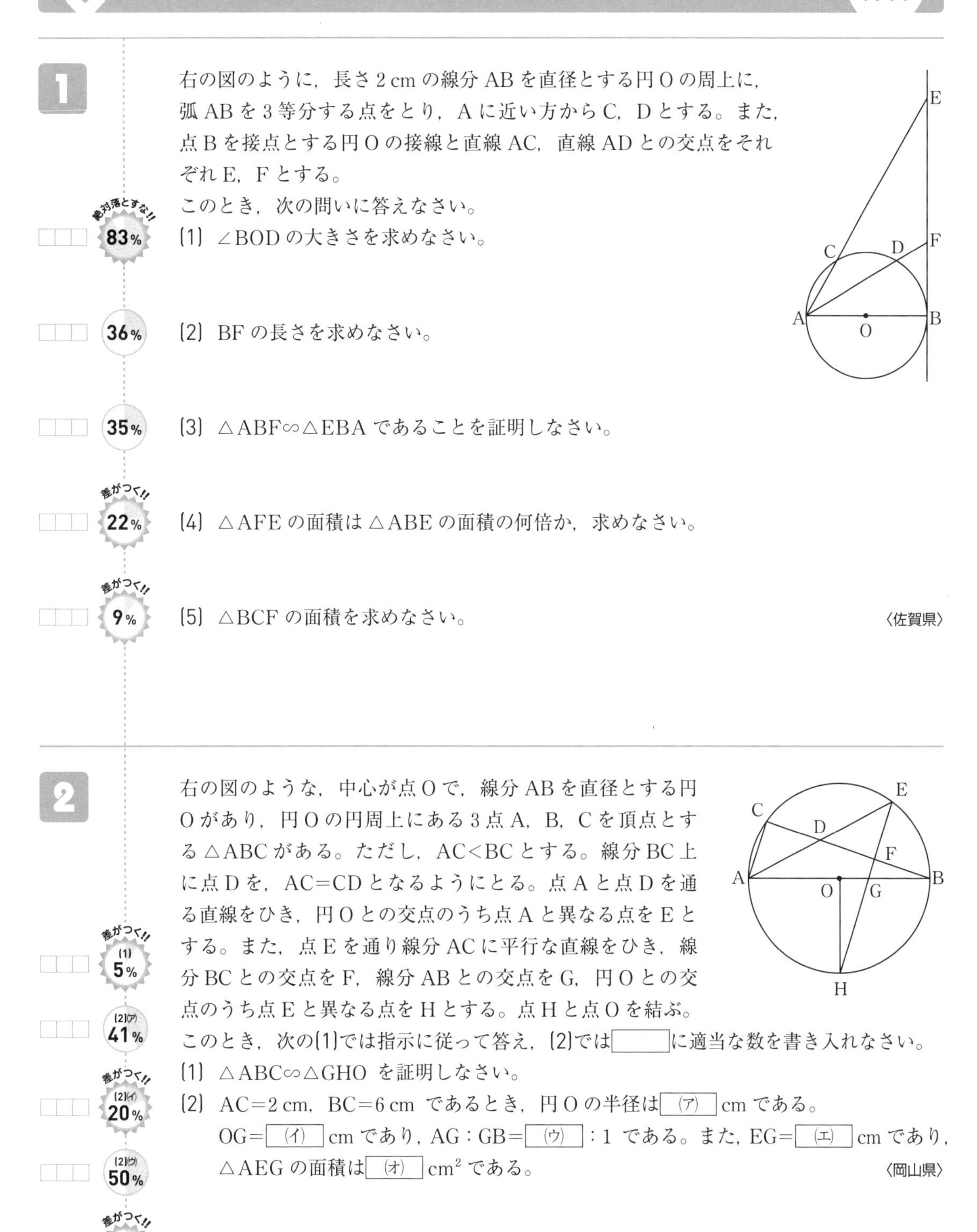

1

右の図のように，長さ 2 cm の線分 AB を直径とする円 O の周上に，弧 AB を 3 等分する点をとり，A に近い方から C，D とする。また，点 B を接点とする円 O の接線と直線 AC，直線 AD との交点をそれぞれ E，F とする。

このとき，次の問いに答えなさい。

絶対落とすな!! 83%
(1) ∠BOD の大きさを求めなさい。

36%
(2) BF の長さを求めなさい。

35%
(3) △ABF∽△EBA であることを証明しなさい。

差がつく!! 22%
(4) △AFE の面積は △ABE の面積の何倍か，求めなさい。

差がつく!! 9%
(5) △BCF の面積を求めなさい。

〈佐賀県〉

2

右の図のような，中心が点 O で，線分 AB を直径とする円 O があり，円 O の円周上にある 3 点 A，B，C を頂点とする △ABC がある。ただし，AC<BC とする。線分 BC 上に点 D を，AC=CD となるようにとる。点 A と点 D を通る直線をひき，円 O との交点のうち点 A と異なる点を E とする。また，点 E を通り線分 AC に平行な直線をひき，線分 BC との交点を F，線分 AB との交点を G，円 O との交点のうち点 E と異なる点を H とする。点 H と点 O を結ぶ。

このとき，次の(1)では指示に従って答え，(2)では[　　]に適当な数を書き入れなさい。

差がつく!! (1) 5%
(1) △ABC∽△GHO を証明しなさい。

(2)(ア) 41%　差がつく!! (2)(イ) 20%　(2)(ウ) 50%　差がつく!! (2)(エ) 3%　差がつく!! (2)(オ) 1%
(2) AC=2 cm，BC=6 cm であるとき，円 O の半径は[(ア)]cm である。
OG=[(イ)]cm であり，AG：GB=[(ウ)]：1 である。また，EG=[(エ)]cm であり，△AEG の面積は[(オ)]cm^2 である。

〈岡山県〉

作図

例題

正答率

差がつく!!

15%

右の図は，長方形 ABCD において，対角線 AC をひいたものである。
右の図で，次の条件を満たす長方形を作図しなさい。
ただし，三角定規の角を利用して直線をひくことはしないものとする。
また，作図に用いた線は消さずに残しておくこと。

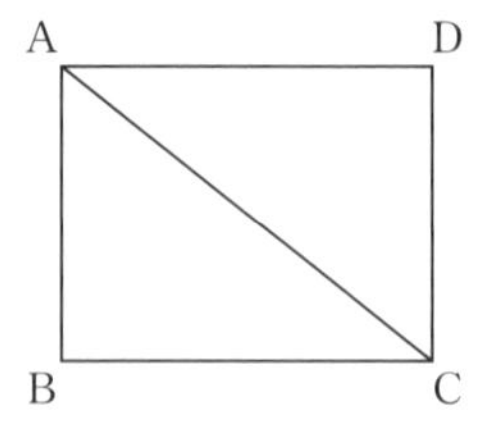

> 条件
> 1本の対角線が，長方形 ABCD の対角線 AC と共通で，もう1本の対角線が，辺 AD に垂直である。

〈千葉県・改〉

ミスの傾向と対策

▶長方形にならない。

AD ではなく，AC に垂直な対角線をひき，正方形を作図したり，AD，BC のそれぞれの中点を結び，それを対角線として平行四辺形を作図したりといったケースが考えられる。

▶ AD に垂直な対角線のひき方がわからない。

長方形の対角線の性質を考えてみよう。
対角線は，おのおのの中点で交わることから，AC の中点を通ることがわかる。したがって，AC の中点を O，長方形を AFCE とすると，仮定より，EF は AD に垂直だから，O を通る AD の垂線をひくと，E，F はこの垂線上にある。また，OA＝OE＝OF＝OC であることから，点 E，F が定まる。
作図では，いろいろな図形の性質を利用するものも多い。図形の名前から，その特徴がすぐに言えるようにしておこう。

解き方 長方形の2本の対角線は，長さが等しく，おのおのの中点で交わることから，
①対角線 BD をひき，対角線 AC との交点を O とする。
②仮定より，もう1本の対角線は AD に垂直だから，点 O を通る AD の垂線を作図する。
③ O を中心に半径 OA の円をかき，②の垂線との交点を E，F とすると，線分 EF がもう1本の対角線である。

解答

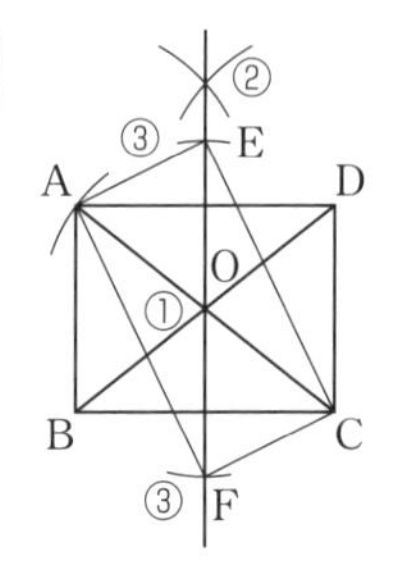

入試必出! 要点まとめ

● **作図でよく利用される図形の性質**

- 角度　60° → 正三角形を利用　　30° → 60° の二等分　　45° → 90° の二等分
  75° → 45°＋30°　　120° → 180°−60°　　150° → 180°−30°
  90° → 半円に対する円周角の利用
- 円の利用
  90° の角 → 直径に対する円周角
  3点から等距離にある点 → 3点を通る円の中心 → 2つの線分の垂直二等分線の交点(右の図)

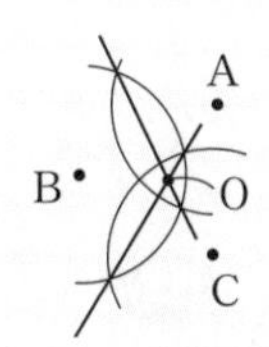

1

31%

右の図のように，∠AOB がある。辺 OB に点 C で接し，辺 OA に接する円の中心 P をコンパスと定規を使って作図しなさい。
ただし，作図するためにかいた線は，消さないでおきなさい。
〈埼玉県〉

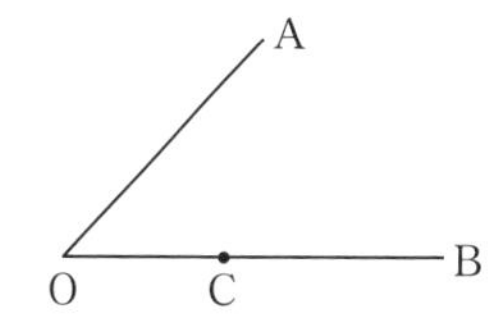

2

縦と横の長さが異なる長方形の紙 ABCD を，頂点 D が頂点 B と重なるように折った。頂点 C が移った点を E，折り目の線分を FG とする。右上の図は，折る前の図形と折った後の図形を表したものである。
線分 FG を右下の図に作図しなさい。ただし，作図に使った線は消さないこと。
〈青森県・改〉

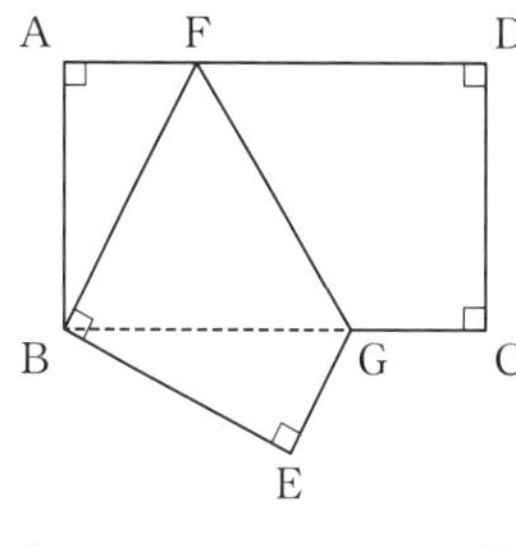

3

図のように，線分 AB を直径とする円 O があります。点 A を中心とし，半径が円 O の半径の $\sqrt{2}$ 倍である円を，定規とコンパスを使って作図しなさい。
〈北海道〉

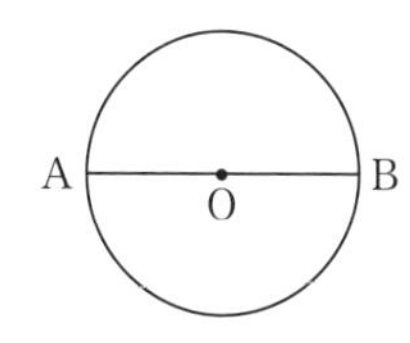

4

右の図のように，方眼紙にかかれた四角形 ABCD がある。四角形 ABCD を，その面積を変えないで，辺 BC を 1 辺とする三角形にしたい。点 A を通り，対角線 BD と平行な直線をひいて，その三角形を作図しなさい。なお，作図に用いた線は消さずに残しなさい。
〈岐阜県〉

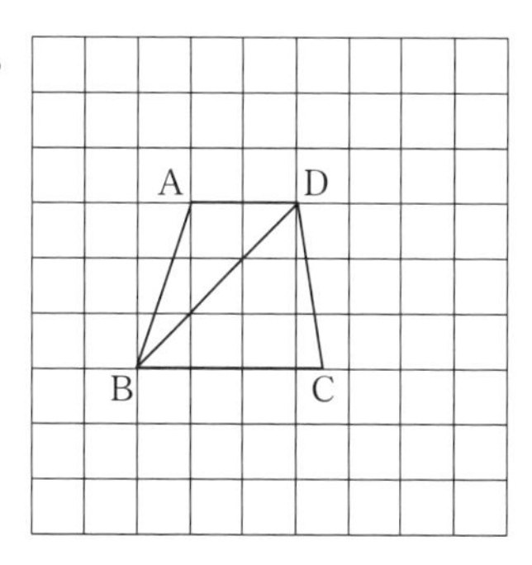

三平方の定理と体積・表面積

例題

正答率

差がつく!! (1) 24%

差がつく!! (2) 25%

右の図は，底面 ABC が AB＝AC＝6 cm の直角二等辺三角形で，側面がすべて長方形の三角柱 ABC-DEF を表しており，AD＝12 cm である。

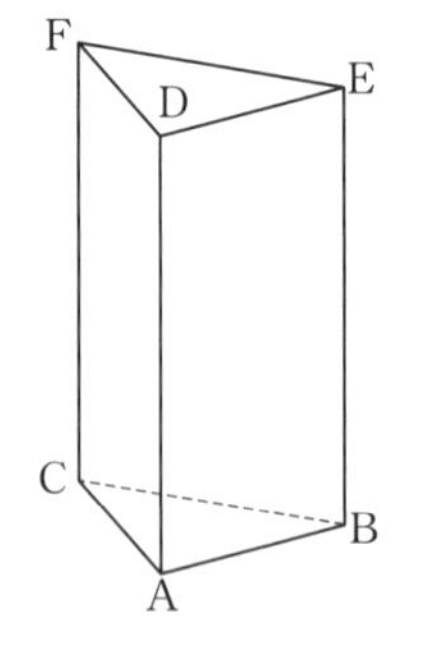

次の問いの［　　］の中にあてはまる最も簡単な数を記入しなさい。

ただし，根号を使う場合は $\sqrt{\ }$ の中を最も小さい整数にすること。

(1) 図に示す立体において，△FAB の面積は［　　］cm^2 である。

(2) 図に示す立体において，辺 AD の中点を M とする。△FCB を底面とし，点 M を頂点とする三角錐 M-FCB の体積は［　　］cm^3 である。〈福岡県・改〉

ミスの傾向と対策

▶(1) △FAB を二等辺三角形とするミス。

ここでは図から，FA＝FB の二等辺三角形と考えて面積を求めるミスが多かったと考えられる。図の中に，辺の長さや直角の印などをかき込んで，図形の形状を確認しよう。

▶(2) 高さを AC としてしまう。

ここでは，三角錐の高さを 6 cm として計算するミスが多いと考えられる。三角錐は底面が面 CBEF 上にあり，頂点は辺 AD 上にあって，AD と面 CBEF とは平行だから，高さは頂点 A と面 CBEF との距離に等しい。

立体では，平面図形とちがい，点と面，線と面，面と面との位置関係が重要になってくる。直感的な見方や考え方とともに，論理的に考察する力も必要である。図でわかりにくいときは，身の回りの立体で，具体的に考えてみよう。

解き方

(1) 四角形 FCAD，DABE は長方形で，$\angle CAD=\angle FDE=90°$ より，$\angle FAB=90°$ よって，△FAD で，三平方の定理より，

$FA=\sqrt{FD^2+AD^2}$

$=\sqrt{36+144}=6\sqrt{5}$ (cm)

$\triangle FAB=\dfrac{1}{2}\times AB\times FA$

$=\dfrac{1}{2}\times 6\times 6\sqrt{5}=18\sqrt{5}$ (cm^2)

(2) △ABC は直角二等辺三角形だから，A から BC へ垂線 AH をひくと，$\angle HBA=45°$ より，△ABH も直角二等辺三角形である。

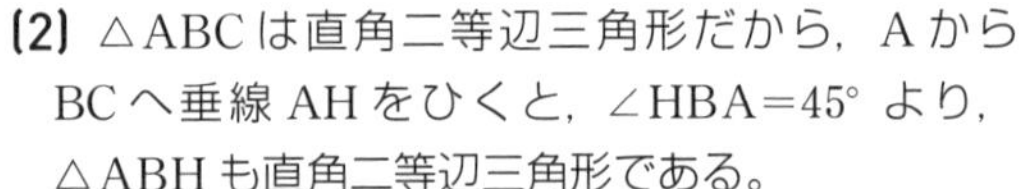

よって，$BC=\sqrt{2}\,AB=6\sqrt{2}$ (cm)，

$AH=BH=3\sqrt{2}$ (cm)

三角錐 M-FCB は，底面が △FCB，高さは AH に等しいから，求める体積は，

$\dfrac{1}{3}\times\left(\dfrac{1}{2}\times BC\times FC\right)\times AH=\dfrac{1}{6}\times 6\sqrt{2}\times 12\times 3\sqrt{2}$

$=72$ (cm^3)

解答 (1) $18\sqrt{5}$ (2) 72

入試必出! 要点まとめ

• 直方体の対角線

$\ell=\sqrt{a^2+b^2+c^2}$

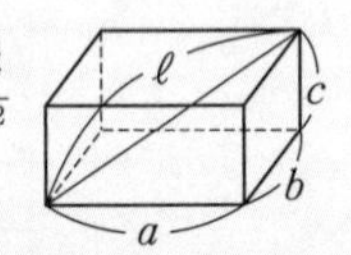

• 立方体の対角線

$\ell=\sqrt{a^2+a^2+a^2}$

$=\sqrt{3}\,a$

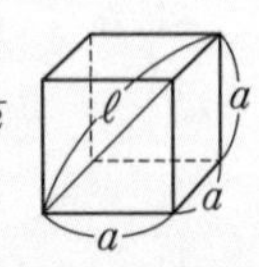

• 正四角錐の高さ

$OH=\sqrt{a^2-\dfrac{1}{2}b^2}$

側面は二等辺三角形

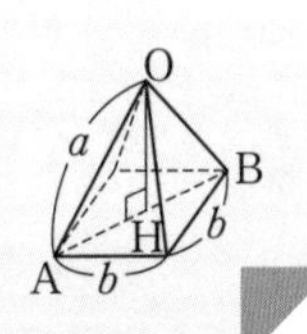

実力チェック問題

1 45%

右の図のような，正四角錐 O−ABCD において，底面 ABCD の対角線の交点を H とする。辺 OA の長さが 5 cm，高さ OH が 4 cm のとき，この正四角錐の体積を求めなさい。 〈宮城県〉

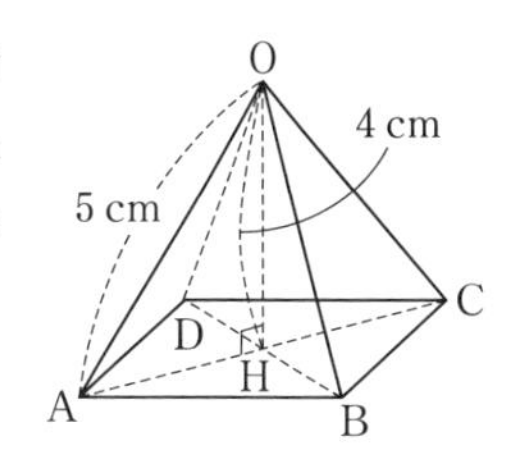

2

図 1 のような，辺 AD と辺 BC が平行で，AB＝6 cm，BC＝12 cm，CD＝6 cm，DA＝6 cm の四角形 ABCD を底面とし，高さが 4 cm の四角柱がある。
このとき，次の問いに答えなさい。

図1
A 6 cm D 6 cm C 6 cm B 12 cm 4 cm E H G F

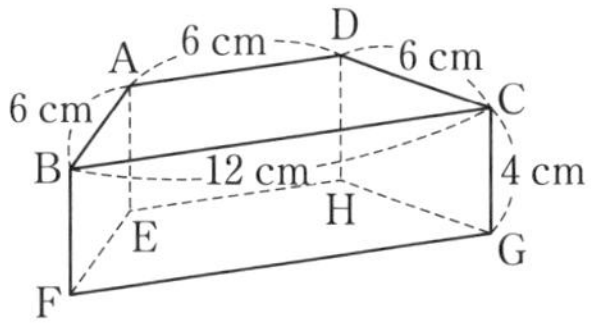

54% (1) 点 A から辺 BC にひいた垂線と BC との交点を I とするとき，線分 AI の長さを求めなさい。

(2) **図 2** のように，この四角柱の辺 BC，FG 上にそれぞれ点 J，K を，BJ：JC＝2：1，FK：KG＝2：1 となるようにとる。
D を頂点とし，四角形 JKGC を底面とする四角錐の体積を V cm^3 とする。

図2

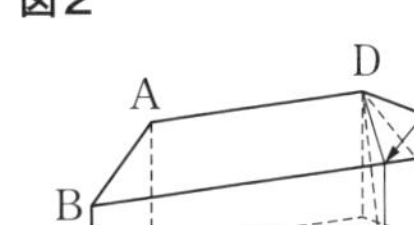

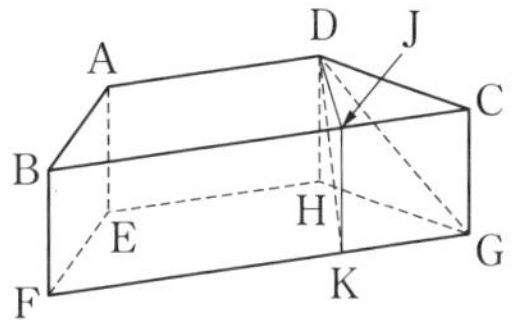

差がつく!! 20% ① V を求めなさい。

差がつく!! 1% ② 線分 DK 上に点 P をとる。P を頂点とし，四角形 EFGH を底面とする四角錐の体積が，V の $\frac{3}{4}$ 倍となるとき，線分 PK の長さを求めなさい。 〈福島県〉

3

右の図は，直方体 ABCD−EFGH に 4 本の対角線をひいたもので，この 4 本の対角線は 1 点 P で交わっている。
AB＝12 cm，AD＝6 cm，AE＝4 cm とするとき，次の問いに答えなさい。

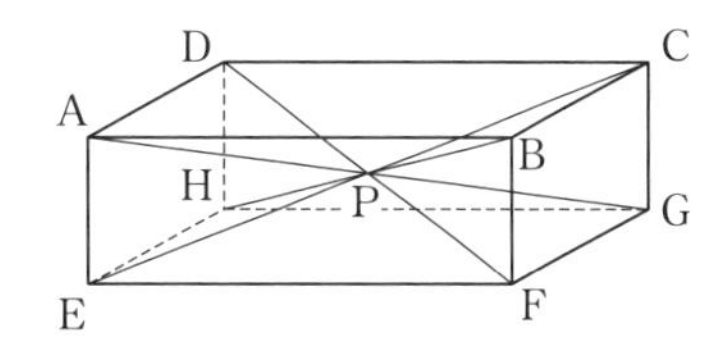

44% (1) 対角線 AG の長さを求めなさい。

差がつく!! 6% (2) △AEG において，AG を底辺としたときの高さを求めなさい。

(3) この直方体は，各面を底面とし，点 P を頂点とする四角錐が 6 個集まったものとみることができる。これらの四角錐のうち，長方形 EFGH を底面とし，点 P を頂点とする四角錐について，次の問いに答えなさい。

差がつく!! 4% ① この四角錐の表面積を求めなさい。

差がつく!! 17% ② この四角錐の体積と直方体 ABCD−EFGH の体積の比を，最も簡単な整数の比で表しなさい。 〈山梨県〉

三平方の定理と面積・線分の長さ

例題

正答率 35%

右の図のように，点A，B，C，D，E，F，G，H を頂点とする直方体があり，AB=6 cm，BC=8 cm，BF=5 cm である。
辺 AD 上に AE=AL となる点L，辺 GH 上に GH=3GM となる点Mをとる。
辺 CD 上に LP+PM の長さがもっとも短くなるように点Pをとるとき，LP+PM の長さを求めなさい。

〈千葉県〉

ミスの傾向と対策

▶点Pの位置を正しくとれない。
点と直線との距離は，点から直線にひいた垂線が最も短いことから，点PをMの真上にとったり，MHの中点の真上にとったりするミスが考えられる。LPとPMの一方の最短距離を考えても LP+PM は最短距離にならない。立体にかけた糸の最短の問題では，展開図上で考えるのが鉄則である。右の解き方の展開図で，LP+PM はL，P，Mが一直線上に並ぶときが最短となる。

▶計算をまちがえた。
AL=6 cm としたり，MH=3GM としたりするミスも考えられる。図に数値を書きこんだら，まちがえていないか，問題と照らし合わせよう。

解き方 LP+PM は，右のような展開図(一部)で，Pが線分 LM 上にあるとき最短となる。よって，点Pは LM と CD との交点である。
仮定より，AL=AE=5 cm

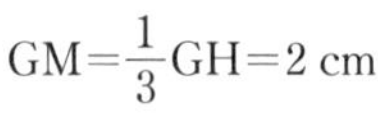

$GM=\frac{1}{3}GH=2$ cm
よって，LH=8−5+5=8 (cm)，MH=6−2=4 (cm) より，△LMH において，三平方の定理より，
$LP+PM=LM=\sqrt{8^2+4^2}=4\sqrt{5}$ (cm)

解答 $4\sqrt{5}$ cm

入試必出！ 要点まとめ

● **直方体にかけた糸の最短距離(AからG)**

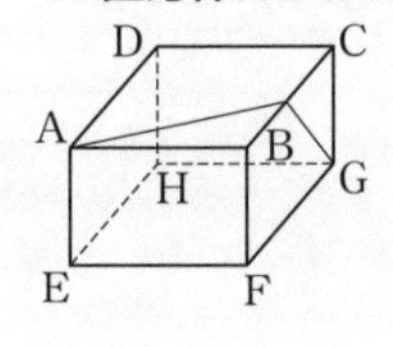

辺 BC を通る場合と，辺 DC を通る場合，辺 BF を通る場合が考えられる。どれが短いか，考える必要がある。
(辺 EH，辺 EF，辺 DH を通る場合は，それぞれ辺 BC，辺 DC，辺 BF を通る場合と同じになる。)

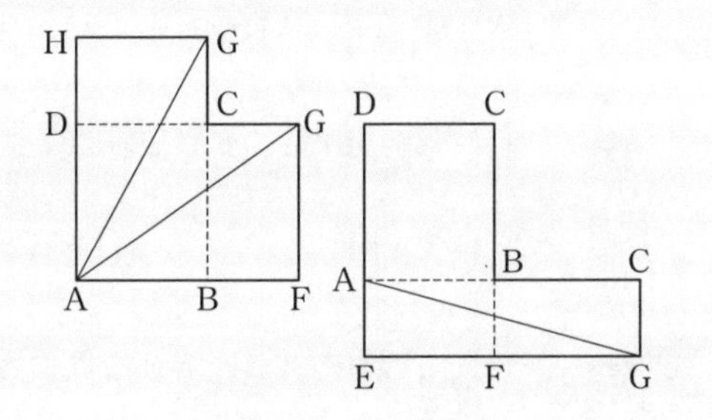

● **円錐にかけた糸の最短距離(AからA)**

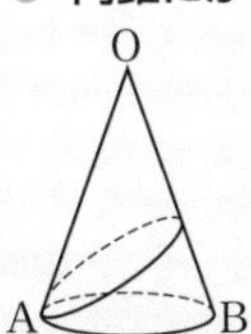

側面の展開図のおうぎ形 OAA′ の弦 AA′ になる。

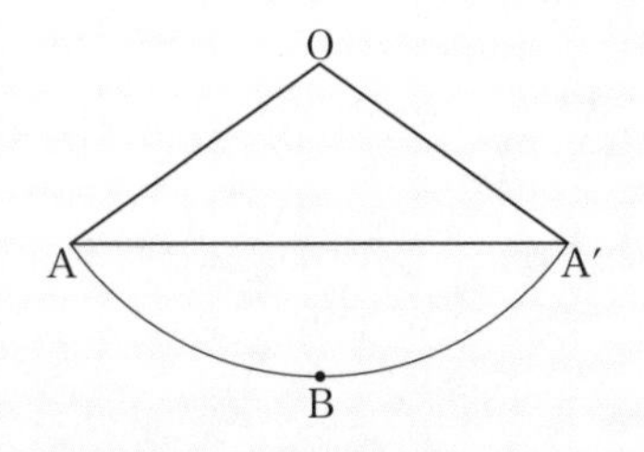

1

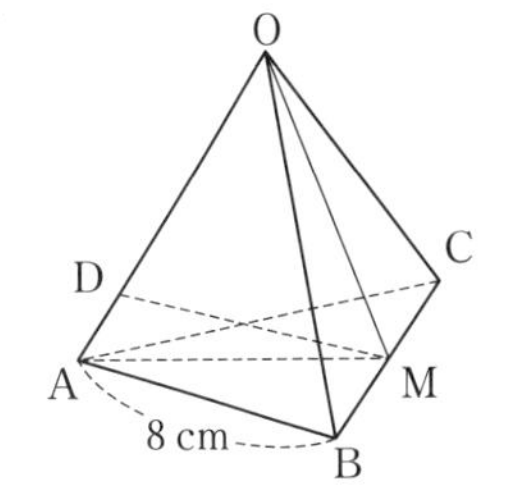

右の図のように，4点O，A，B，Cを頂点とする1辺の長さが8 cmの正四面体がある。
辺BCの中点をMとし，辺OA上にOD＝MDとなるように点Dをとる。
このとき，次の問いに答えなさい。

(1) 線分OMの長さを求めなさい。

差がつく!! 13%

(2) △OAMの面積を求めなさい。

(3) 点Dから線分AMにひいた垂線とAMとの交点をHとするとき，DHの長さを求めなさい。

〈福島県〉

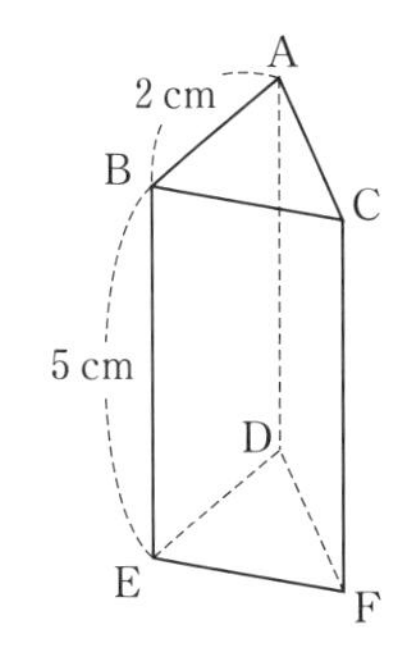

右の図は，1辺が2 cmの正三角形を底面とする高さ5 cmの正三角柱ABC－DEFである。

(1) 正三角形ABCの面積を求めなさい。

(2) 辺BE上にBG＝2 cmとなる点Gをとる。また，辺CF上にFH＝2 cmとなる点Hをとる。
このとき，△AGHの面積を求めなさい。

〈栃木県〉

3

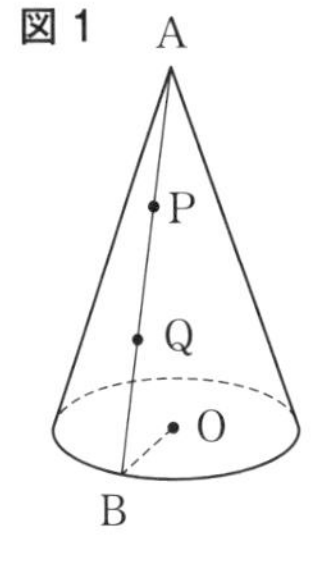

右の**図1**のように，頂点A，底面の中心O，底面の半径3 cm，母線の長さ9 cmの円錐がある。この円錐の底面の円周上の点をBとし，線分ABを3等分する点をAに近い方から順に，P，Qとするとき，次の問いに答えなさい。ただし，円周率はπとする。

38%

(1) **図1**の円錐の側面の展開図はおうぎ形になる。このおうぎ形の中心角の大きさを求めなさい。

差がつく!! 1%

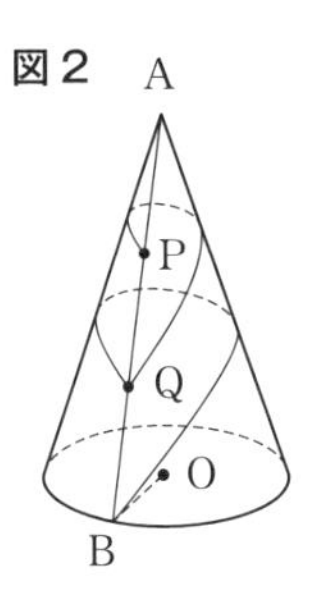

(2) 右の**図2**のように，**図1**の円錐の側面に，糸の長さが最も短くなるように，点Bから点Qを通り，点Pまで糸を巻きつける。このとき，糸の長さを求めなさい。

〈新潟県・改〉

回転体

例題

正答率 ↓ 差がつく!! 17%

右の図のように，直線ℓと長方形ABCDがあり，辺CDは直線ℓ上にある。点Eは対角線AC，BDの交点で，AB＝8 cm，BC＝6 cm である。直線ℓを回転の軸として三角形BCEを1回転させてできる立体の表面積を求めなさい。ただし，円周率はπとする。〈秋田県〉

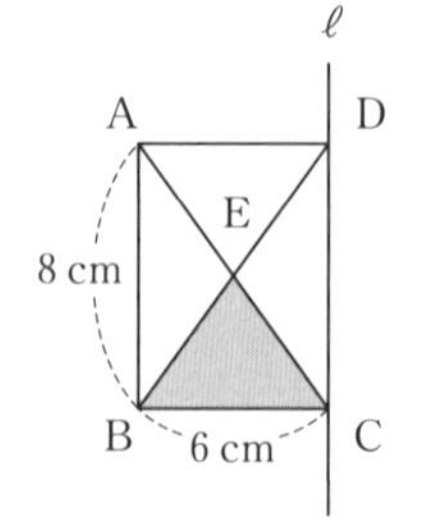

ミスの傾向と対策

▶回転体のイメージがつかめない。

回転体がどのような形をしているのかつかめない場合は，各点の動きを別々にかいてみよう。点B，点Eそれぞれがえがく線を考えると，線分BE，CEのえがく面がわかる。ここで，CEのえがく面の内側は空洞であることに注意しよう。

▶辺CEがえがく部分の表面積を忘れている。

表面積とは，図形の外側の面積全体なので，空洞部分のまわり(CEを母線とする円錐の側面)の面積もふくまれる。

▶計算を簡単にしよう。

まちがいではないが，BDを母線とする円錐の側面積から，母線をDEとした円錐の側面積をひいて，空洞部分の側面積をたして解答とした生徒も多いと考えられる。ここでは，DE＝CE より，側面積はDBを母線とする円錐の側面積を求めればよい。図の一部分だけをとらえず，全体を見て考察する力も必要である。

解き方

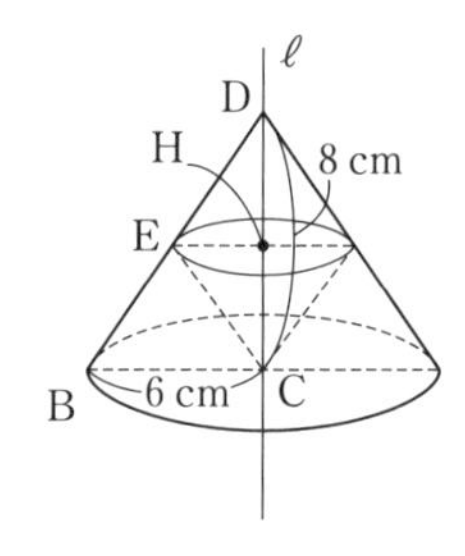

回転させてできる立体は，右の図のBDを母線とする円錐から，DEを母線とした円錐とCEを母線とする円錐を取り除いた形になる。点Eは長方形の対角線の交点だから，DH＝8÷2＝4 (cm) より，DEを母線とする円錐とCEを母線とする円錐は合同である。よって，求める表面積は，DBを母線とする円錐の表面積と等しい。

側面のおうぎ形の中心角をa°とおくと，

△BCDにおいて，三平方の定理より，

$BD=\sqrt{6^2+8^2}=10\,(\text{cm})$ だから，

$2\pi\times10\times\dfrac{a}{360}=2\pi\times6$，　$\dfrac{a}{360}=\dfrac{6}{10}=\dfrac{3}{5}$

よって，求める表面積は，

$\pi\times6^2+\pi\times10^2\times\dfrac{3}{5}=96\pi\,(\text{cm}^2)$

解答　$96\pi\ \text{cm}^2$

入試必出! 要点まとめ

● 直線ℓのまわりに回転させてできる立体

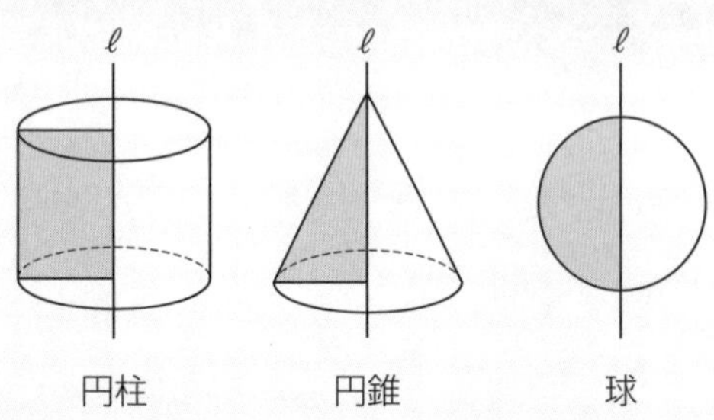

円柱　円錐　球

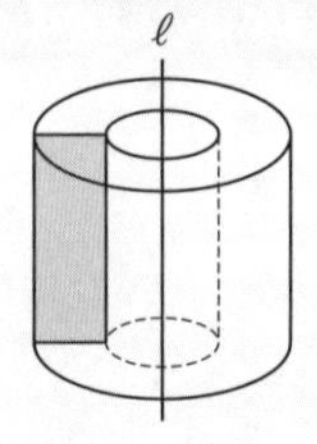

円柱から小さい円柱をくりぬいた形

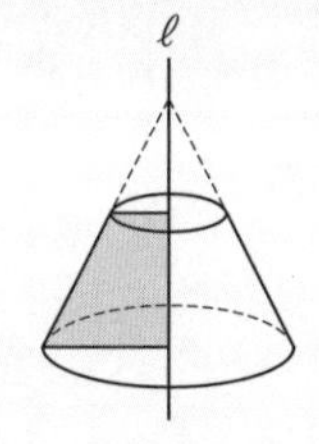

円錐の上の部分をとり除いた形

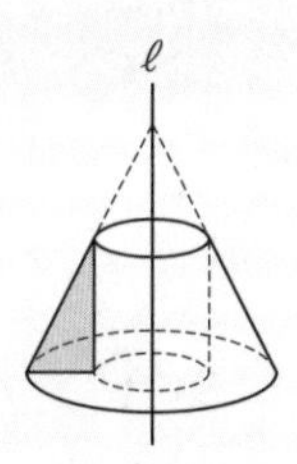

円錐の上の部分と円柱をとり除いた形

実力チェック問題

解答・解説 別冊 P. 17

1 右の図のような，AB=$\sqrt{5}$ cm，BC=2 cm，∠ABC=90° の直角三角形 ABC がある。△ABC を，辺 AB を軸として 1 回転させてできる立体と，辺 BC を軸として 1 回転させてできる立体のうち，体積が大きい方の立体の体積を求めなさい。(円周率は π を用いること。)

〈愛媛県〉

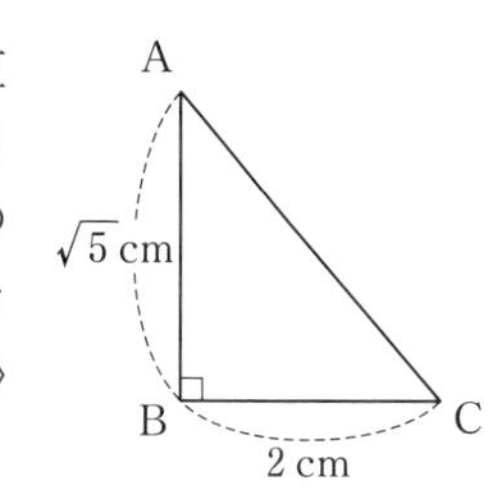

2 39%

右の図の長方形を，直線 ℓ を軸として 1 回転させてできる立体の側面積を求めなさい。ただし，円周率は π とする。

〈栃木県〉

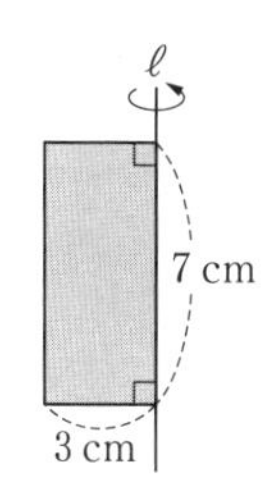

3

図 1 の四角形 ABCD は，EC=12 cm，BC=3 cm で∠EBC が直角の△EBC から，ED=4 cm で∠EAD が直角な△EAD を切り取ってできた台形である。

また，**図 2** は，**図 1** の台形 ABCD を，直線 AB を軸として 1 回転させてできた立体である。

数子さんは，**図 2** の立体の体積や表面積などを求めるには，△EBC や△EAD を，直線 EB を軸として 1 回転させてできる立体の見取図や展開図を利用すればよいと考えた。

数子さんの考えを参考にして，次の問いに答えなさい。

図 1

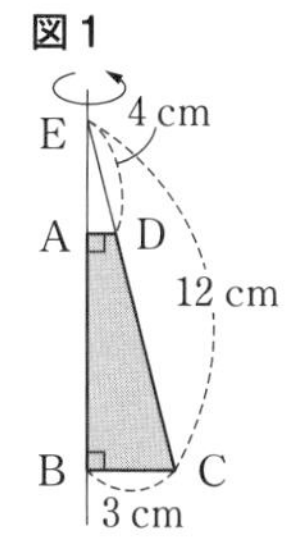

図 2

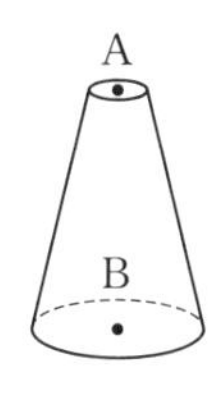

(1) **図 2** の立体の体積を求めなさい。

(2) **図 2** の立体の表面積を求めなさい。

差がつく!! 1%

(3) **図 3** は，**図 2** の立体のそれぞれの底面の円周上に，点 F，G を四角形 ABGF が台形となるようにとり，辺 FG の中点を P としたものである。

数子さんは，**図 3** のように，点 G から立体の側面を一回りして，点 P までひもをかけた。

このひもの長さが最も短くなる場合の長さを求めなさい。

〈山梨県〉

図 3

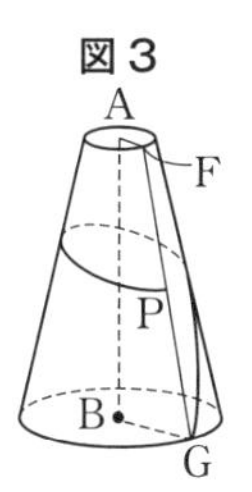

展開図

例題

正答率

(1) 28%

差がつく!! (2) 11%

右の図は，AB＝6 cm，∠ABC＝60°，∠ACB＝90°の直角三角形ABCを底面とする三角柱の展開図であり，四角形ADEFは正方形である。
また，点Gは線分DEの中点である。
このとき，この展開図を点線で折り曲げてできる三角柱について，次の問いに答えなさい。

(1) この三角柱の体積を求めなさい。

(2) この三角柱において，2点C，G間の距離を求めなさい。

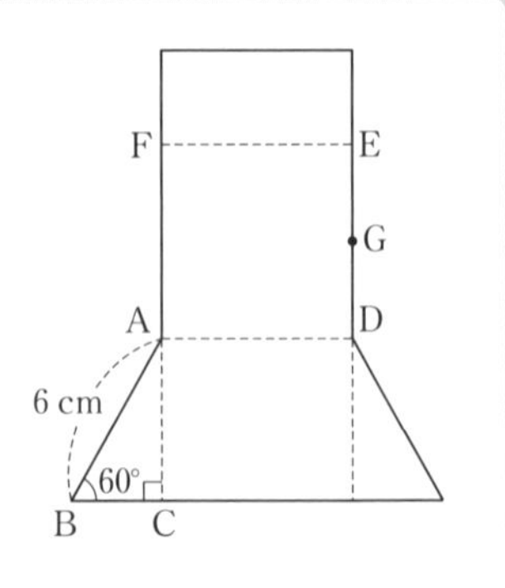

〈神奈川県〉

ミスの傾向と対策

▶(1)で展開図から立体の見取り図がかけない。

展開図では，重なり合う頂点を見きわめることが重要である。三角柱だから，2つの三角形が底面で，側面は3つの長方形(または正方形)となる。2つの底面を右の図のように平行にかいて，側面をぐるりとまきつければできあがる。紙を折る感覚で，立体的にとらえる練習もしておこう。

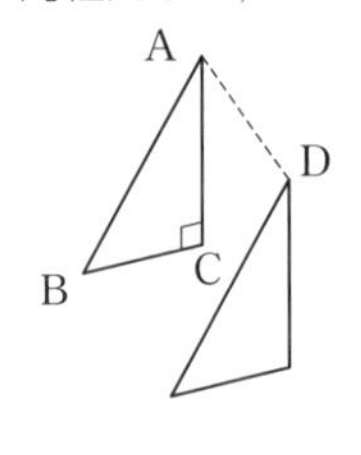

▶(2)でC，G間の距離を問題の展開図上の線分として求めたミスも多かったと考えられる。「三角柱において」とあるから，立体における線分の長さを求めなくてはいけない。立体の対角線の長さを求める要領で求めよう。

解き方 展開図を組み立てると，次のような三角柱ABC-DEHになる。

(1) △ABCは60°の角をもつ直角三角形だから，

$BC=\frac{1}{2}AB=3$ (cm)

$AC=\sqrt{3}BC=3\sqrt{3}$ (cm)

また，四角形ADEFは正方形で，FA＝BA＝6 cmより，

AD＝6 cm

よって，求める体積は，

$\frac{1}{2}\times3\times3\sqrt{3}\times6=27\sqrt{3}$ (cm³)

(2) (1)の図で，GからDHへ垂線GIをひくと，

GI∥BC，∠ICB＝90° より，∠GIC＝90°

ここで，$DI=IH=\frac{DH}{2}=\frac{3\sqrt{3}}{2}$ (cm)

GI∥EHより，$GI=\frac{1}{2}EH=\frac{3}{2}$ (cm)

△ICHにおいて，三平方の定理より，

$CI=\sqrt{6^2+\left(\frac{3\sqrt{3}}{2}\right)^2}=\frac{3\sqrt{19}}{2}$ (cm)

△CGIにおいて，三平方の定理より，

$CG=\sqrt{\left(\frac{3\sqrt{19}}{2}\right)^2+\left(\frac{3}{2}\right)^2}=3\sqrt{5}$ (cm)

解答 (1) $27\sqrt{3}$ cm³ (2) $3\sqrt{5}$ cm

入試必出! 要点まとめ

展開図と立体では，対応する各頂点の記号を両方の図に書き込もう。面ABCDの辺CDを含む面は，面CDHGというように考えていくとよい。右の展開図で，⌒でつないだ点が重なる点である。

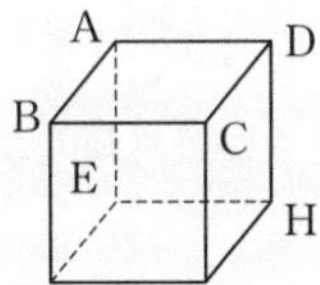

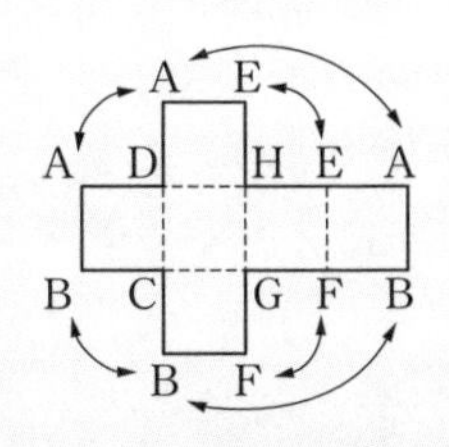

1

右の**図1**は，1辺の長さが6 cmの立方体の容器ABCD-EFGHに水をいっぱいに入れたものであり，点Pは辺AEの中点，点Qは辺DHの中点である。**図2**のように，**図1**の容器を静かに傾けて，水面が四角形PBCQになるまで水をこぼした。また，**図3**は**図1**の容器の展開図であり，図中の•は各辺の中点である。このとき，次の問いに答えなさい。ただし，容器の厚さは考えないものとする。

図1

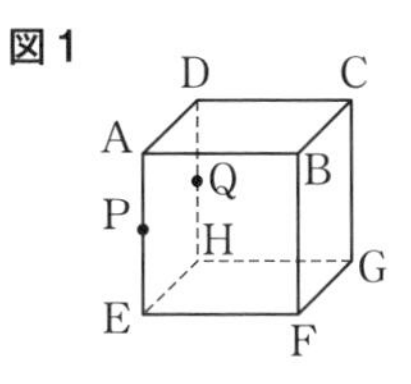

図2

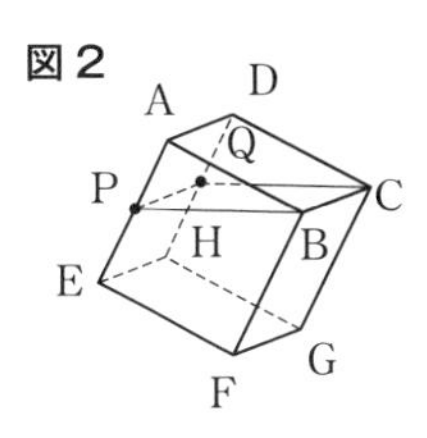

37%

(1) 容器に残った水の体積を求めなさい。

38%

(2) 四角形PBCQの4辺のうち，辺BC以外の3辺を**図3**に実線で示しなさい。ただし，各点の記号P，B，C，Qは書かなくてもよい。〈鹿児島県〉

図3

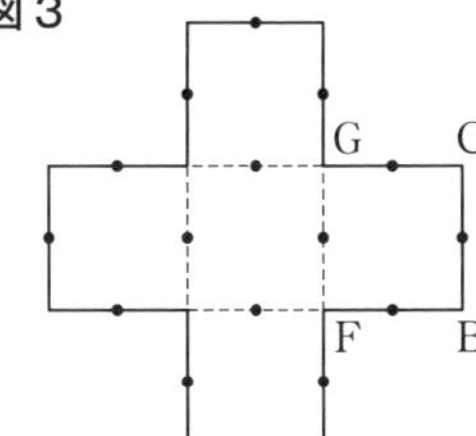

2 38%

図は，底面の円の半径が2 cm，母線の長さが7 cmの円錐の展開図である。この円錐の体積を求めなさい。ただし，円周率はπとする。〈滋賀県〉

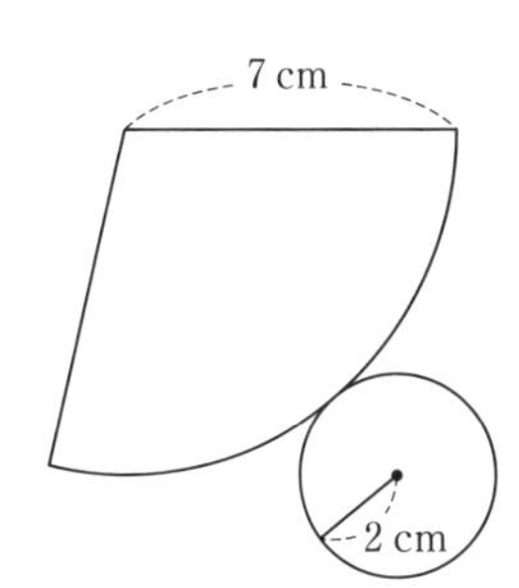

3 38%

右の図は，底面の半径が5 cm，高さが12 cmの円柱の展開図である。
この展開図において，1つの底面に直径ABをとり，AC＝6 cmとなる点Cをその円周上にとって△ABCをつくる。また，もう1つの底面の中心を点Dとする。
この展開図を組み立て，4点A，B，C，Dを頂点とする立体を考えたとき，その体積を求めなさい。〈千葉県〉

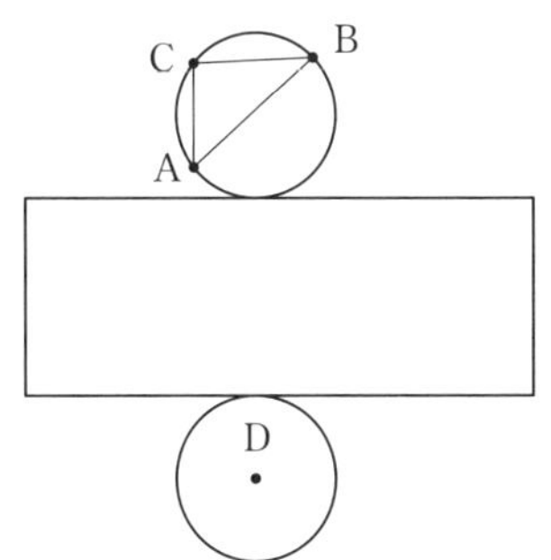

投影図・球

例題

正答率 (1)Ⓐ 40% (1)Ⓑ 40% (2) 31%

(1) 右の図は，数学の授業で学んだ立体を投影図に表したものである。Ⓐ，Ⓑのどちらか1つを選び，その投影図で表された立体の体積を求めなさい。なお，円周率はπとする。

〈山形県〉

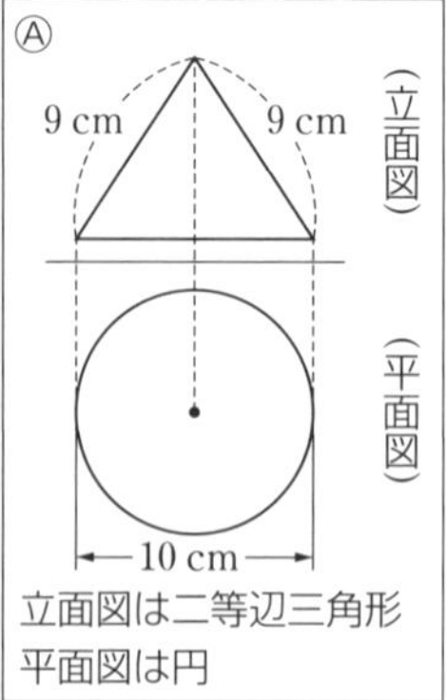

立面図は二等辺三角形
平面図は円

Ⓑ 9 cm，9 cm，5 cm (立面図)(平面図)
立面図は正方形
平面図は直角三角形

(2) 右の図のように，半径が3 cmの球がある。この球の体積を求めなさい。ただし，円周率はπを用いなさい。

〈北海道〉

3 cm

ミスの傾向と対策

▶(1) 投影図がどんな立体を表しているかわからない。→立面図，平面図から，それぞれどんな立体かを別々に考えてみる。

Ⓐ 立面図：円錐，角錐　平面図：円錐，円柱，球

Ⓑ 立面図：円柱，角柱　平面図：三角錐，三角柱

▶(2) 計算ミスをする。→累乗や約分に気をつける。

解き方 (1)Ⓐ 立体は円錐。底面は半径5 cmの円で，立面図の三角形の高さが三角錐の高さである。

底面積…$\pi\times5^2=25\pi\,(\mathrm{cm}^2)$

高さ…$\sqrt{9^2-5^2}=\sqrt{56}=2\sqrt{14}\,(\mathrm{cm})$

立体の体積…$\frac{1}{3}\times25\pi\times2\sqrt{14}=\frac{50\sqrt{14}}{3}\pi\,(\mathrm{cm}^3)$

Ⓑ 立体は三角柱。底面は，斜辺が9 cm，他の1辺が5 cmの直角三角形。立体の高さは9 cm。

底面の残りの1辺の長さ…$\sqrt{9^2-5^2}=2\sqrt{14}\,(\mathrm{cm})$

底面の面積…$\frac{1}{2}\times5\times2\sqrt{14}=5\sqrt{14}\,(\mathrm{cm}^2)$

立体の体積…$5\sqrt{14}\times9=45\sqrt{14}\,(\mathrm{cm}^3)$

(2) 公式を利用して，$\frac{4}{3}\pi\times3^3=36\pi\,(\mathrm{cm}^3)$

解答 (1) Ⓐ $\frac{50\sqrt{14}}{3}\pi\,\mathrm{cm}^3$　Ⓑ $45\sqrt{14}\,\mathrm{cm}^3$

(2) $36\pi\,\mathrm{cm}^3$

入試必出! 要点まとめ

- 投影図…投影図から，どんな立体かわかるようにしよう。点線は，見えない辺を表す。
- 球…球の半径をrとすると，体積…$\frac{4}{3}\pi r^3$　表面積…$4\pi r^2$

実力チェック問題

解答・解説 別冊 P. 18

1 36%

右の**ア**，**イ**は，体積が等しい立体のそれぞれの投影図である。**ア**の立体の h の値を求めなさい。ただし，平面図は半径がそれぞれ 4 cm，3 cm の円である。〈青森県〉

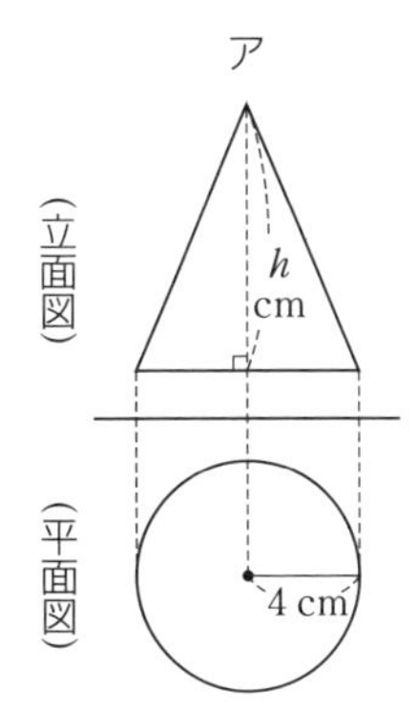

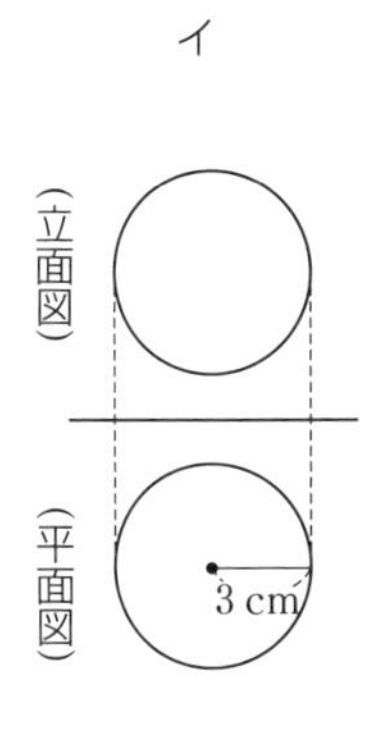

2 48%

右の図は，三角柱の投影図である。この三角柱の体積を求めなさい。〈秋田県〉

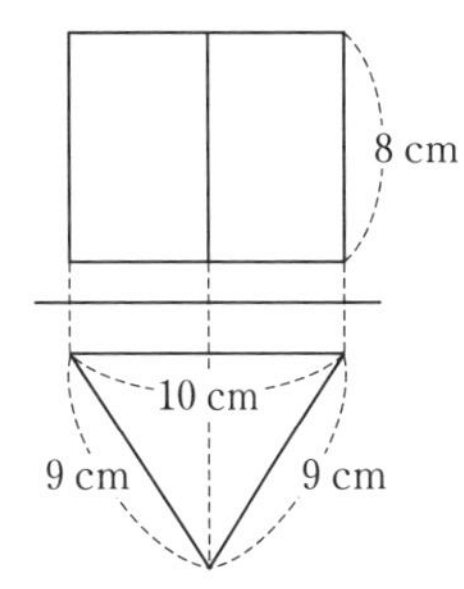

3 30%

右の図のような半径 3 cm の半球の表面積と体積を求めなさい。ただし，円周率は π とする。〈兵庫県〉

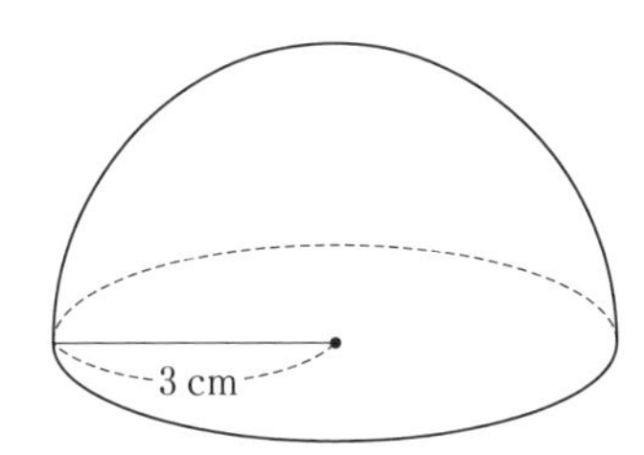

4 差がつく!! 3%

図 1 のような，半径 4 cm の球 O と半径 2 cm の球 O′ がちょうど入っている円柱がある。その円柱の底面の中心と 2 つの球の中心 O，O′ とを含む平面で切断したときの切り口を表すと，**図 2** のようになる。
この円柱の高さを求めなさい。〈栃木県〉

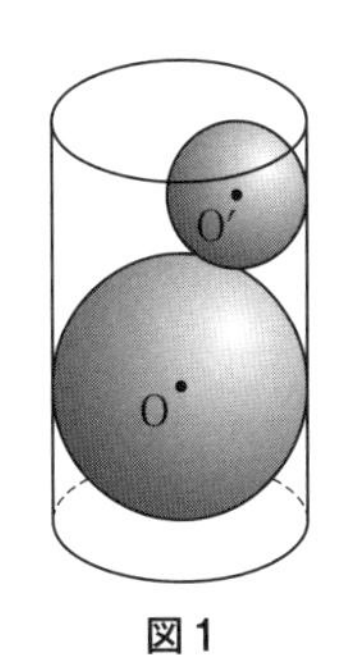

図 1

図 2

数と規則性

例題

正答率

(1) 49%
(2) 26%
差がつく!!
(3) 19%

次の規則にしたがって，左から数を並べていく。このとき，次の問いに答えなさい。

［規則］
・1番目の数と2番目の数を定める。
・3番目以降の数は，2つ前の数と1つ前の数の和とする。
(例)1番目の数が1，2番目の数が2の場合，1番目の数から順に並べると次のようになる。
1，2，3，5，8，13，………

(1) 1番目の数が -2，2番目の数が1のとき，10番目の数を求めなさい。
(2) 1番目の数が a，2番目の数が b のとき，4番目の数を a，b を用いて表しなさい。
(3) 4番目の数が13，8番目の数が92のとき，1番目の数と2番目の数をそれぞれ求めなさい。 〈高知県〉

ミスの傾向と対策

▶(1)で，正しい答えがでない。
数を順に並べて，暗算したことによる計算ミスも考えられる。簡単な計算でも，途中の計算を書くようにしよう。
▶(3)で，式がたてられない。
(2)で4番目の数まで a，b を用いて表しているから，そのまま a，b を使って8番目の数までを表し，連立方程式を解けばよい。ここでは，a の項，b の項ともに増え方が一定ではないので，n 番目の式を a，b で表すことを考えるより，5～8番目の数を計算したほうがよい。

解き方 (1) 数を左から順に書くと，

-2，1，-1 $(=-2+1)$，0 $(=1+(-1))$，-1 $(=-1+0)$，-1 $(=0+(-1))$，-2 $(=-1+(-1))$，-3 $(=-1+(-2))$，-5，-8 ← 10番目

(2) 順に，a，b，$a+b$，$a+2b$

(3) (2)のとき，
5番目の数…$(a+b)+(a+2b)=2a+3b$
6番目の数…$(a+2b)+(2a+3b)=3a+5b$
7番目の数…$(2a+3b)+(3a+5b)=5a+8b$
8番目の数…$(3a+5b)+(5a+8b)=8a+13b$

よって，$\begin{cases} a+2b=13 \\ 8a+13b=92 \end{cases}$ を解いて，$a=5$，$b=4$

解答 (1) -8　(2) $a+2b$
(3) 1番目の数…5，2番目の数…4

入試必出! 要点まとめ

● **カレンダーのような数の表**

1，2，3，4，5
6，7，8，9，10
⋮

→

$n-7$，$n-6$，$n-5$，$n-4$，$n-3$
$n-2$，$n-1$，n，$n+1$，$n+2$
⋮

のように，1つの数を n とし，ほかの数を n を使って表す。

● **式の値の表**

$1=1^2$
$2+2=2^2$
$3+3+3=3^2$
⋮
$n+n+\cdots+n=n^2$

● **ピラミッド状に並んだ数**

1
2 3
4 5 6
7 8 9 10

右端の数は，1段目…1
2段目 … $1+2$
3段目 … $1+2+3$
4段目 … $1+2+3+4$
n 段目 … $1+2+\cdots+n$

1

図1で，1段目は，連続する自然数が小さい順に並んでいる。2段目は，1段目の数をもとに，ある規則に従って数が並んでいる。3段目は，2段目の数をもとに，別の規則に従って数が並んでいる。

図1

1段目　1　2　3　4　5　……　$n-1$　n　$n+1$　……

2段目　2　6　12　20　30　……　イ　……

3段目　8　18　ア　50　……　……

絶対落とすな!! 88%

(1) アに入る数を求めなさい。

51%

(2) 連続する3つの自然数を，$n-1$，n，$n+1$とするとき，イに入る式を求めなさい。

29%

(3) **図2**は，**図1**と同じ規則に従って並んでいる数の一部である。ウに入る数を求めなさい。

〈長野県〉

図2

1段目　……　ウ　……

2段目　……　……

3段目　……　392　……

2

右の**[表]**のように自然数が規則的に並んでいる。次の問いに答えなさい。

71%

(1) **[表]**の中の第6行で第1列の数は［①］であり，第2行で第6列の数は［②］である。このとき，①，②にあてはまる数を求めなさい。

38%

(2) 84は第何行で第何列の数か，求めなさい。

〈佐賀県〉

[表]

	第1列	第2列	第3列	第4列	第5列	・・・
第1行	1	2	5	10	17	・・・
第2行	4	3	6	11	18	・・・
第3行	9	8	7	12	・	・・・
第4行	16	15	14	13	・	・・・
・	・	・	・	・	・	・・・
・	・	・	・	・	・	・・・
・	・	・	・	・	・	・・・

3

右の図のように，分母と分子がともに自然数で，1より小さい分数が書かれているカードを，1行目の1列目には$\frac{1}{2}$，2行目の1列目には$\frac{1}{3}$，2列目には$\frac{2}{3}$というように並べていく。つまり，m行目にあるカードの分母は$(m+1)$であり，分子は1からmまで1ずつ増えていく。ただし，カードに書かれている分数は，約分しないものとする。次の問いに答えなさい。

	1列目	2列目	3列目	4列目	…
1行目	$\frac{1}{2}$				
2行目	$\frac{1}{3}$	$\frac{2}{3}$			
3行目	$\frac{1}{4}$	$\frac{2}{4}$	$\frac{3}{4}$		
4行目	$\frac{1}{5}$	$\frac{2}{5}$	$\frac{3}{5}$	$\frac{4}{5}$	
⋮					

絶対落とすな!! 84%

(1) $\frac{7}{9}$のカードは，何行目の何列目に並ぶか，求めなさい。

32%

(2) 1行目から40行目までカードを並べるとき，$\frac{2}{3}$と大きさが等しい分数が書かれているカードの中で，分母が最も大きいものは，何行目の何列目に並ぶか，求めなさい。

〈秋田県・改〉

図形と規則性

例題

正答率 (1) 30% 差がつく!! (2) 25% 差がつく!! (3) 7%

灰色と白色の同じ大きさの正方形のタイルをたくさん用意し，下の**図1**のように，灰色のタイルを，縦横いずれも5個以上となるように，縦に a 個，横に b 個すき間なく並べて長方形の枠を作った。**図2**のように，**図1**で作った枠の内側に，白色のタイルと灰色のタイルを，次のア，イの操作をくり返して，すき間がなくなるまで並べる。

ア　灰色のタイルの内側に接するように，白色のタイルを並べる。

イ　白色のタイルの内側に接するように，灰色のタイルを並べる。

このとき，次の問いに答えなさい。

図1

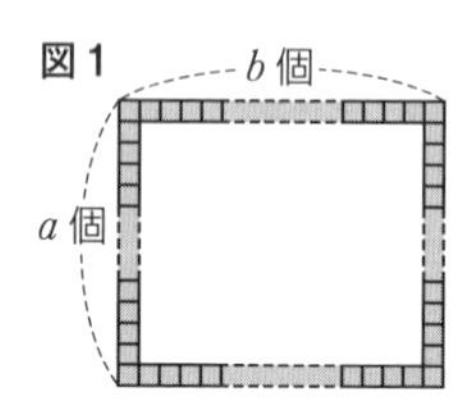

図2

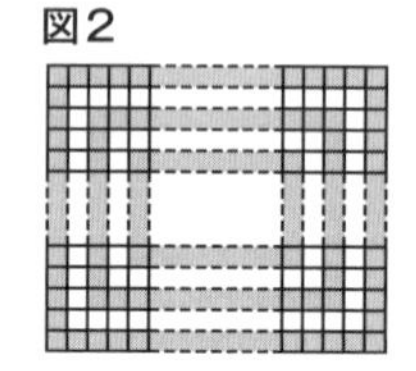

(1)　一番外側に並べた灰色のタイルの個数は何個か。a, b を用いて表しなさい。

(2)　$a=9$, $b=6$ のときは，右の**図3**のように，最後に並べる同じ色のタイルの個数が，10個になる。$a=7$, $b=10$ のときは，最後に並べる同じ色のタイルの個数が何個になるか，答えなさい。

図3

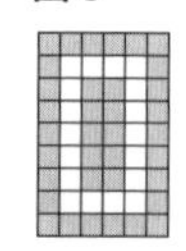

(3)　$b=14$ のとき，最後に並べる同じ色のタイルの個数が，4個となった。このとき，a の値を求めなさい。

〈新潟県〉

ミスの傾向と対策

▶(1)の個数が求められない。

$2a+2b$ という解答が多かったと考えられる。$2a+2b$ は角の4つのタイルを2度数えている。

▶(2)や(3)で図をかいて考えようとする。

a や b の値が大きくなると，実際に図をかくのは大変である。個数の変化の規則性を考えてみよう。1列内側に入ると，縦，横ともにタイルは2個ずつ減る。このことから，縦か横の少ないほうの個数が1個か2個になる場合を考える。

解き方　(1)　縦に $a\times2=2a$ (個)，残りは横に $(b-2)\times2=2b-4$ (個) ある。

(2)　$a=7$, $b=10$ のとき，1列内側にいくと，縦，横のタイルの個数は，それぞれ2個減るから，3列内側には，縦に $7-2\times3=1$ (個)，横に $10-2\times3=4$ (個)，計 $1\times4=4$ (個) 並ぶ。

(3)　$4=1\times4=2\times2$ より，4個の並び方は2通り。$b=14$ のとき，横のタイルは，2個ずつ減って，5列内側では4個，6列内側では2個になる。横のタイルが4個のとき，縦のタイルは1個で，$a=1+2\times5=11$

横のタイルが2個のとき，縦のタイルは2個で，$a=2+2\times6=14$

解答　(1) $(2a+2b-4)$ 個　(2) 4個　(3) $a=11$ または，14

入試必出! 要点まとめ

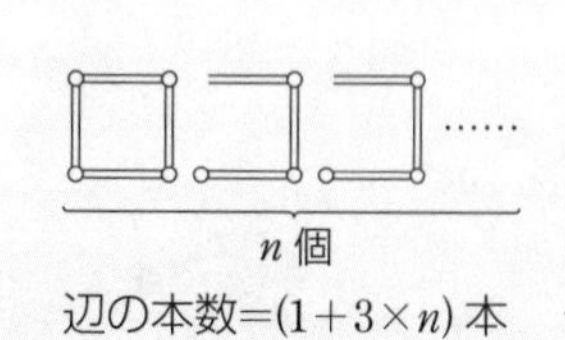

辺の本数 $=(1+3\times n)$ 本

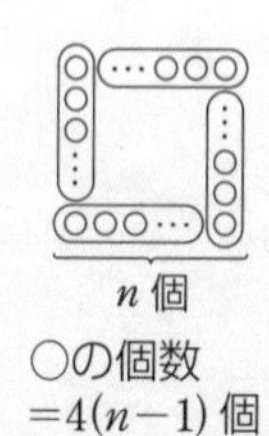

○の個数 $=4(n-1)$ 個

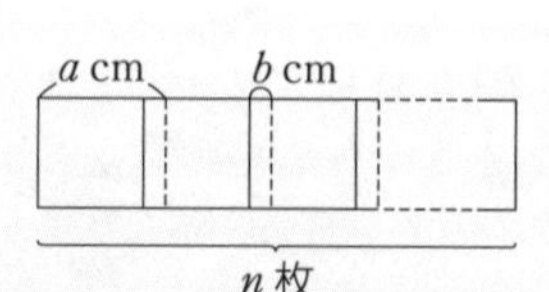

横の長さ $=an-b(n-1)$ (cm)

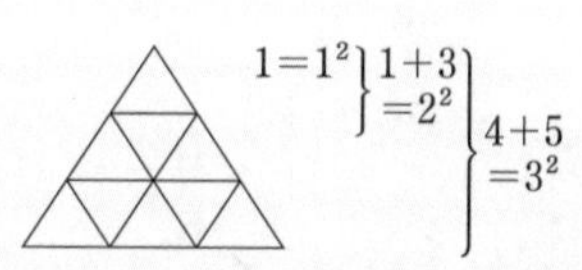

正三角形の個数 $=$ (段の数)^2

1

平面上に，右の図のような点Aを通る異なる2本の直線ℓ，mがある。

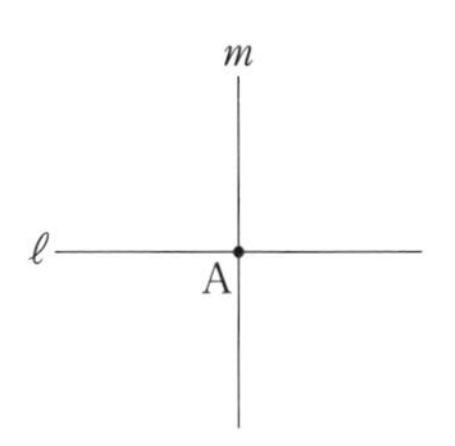

この図に，2直線ℓ，mとは別の，点Aを通る異なるn本の直線と，点Aを中心とする半径がそれぞれ異なるn個の円をかく。
ただし，$n=1$ のときは2直線ℓ，mとは別の，点Aを通る1本の直線と，点Aを中心とする1個の円をかく。
このようにしてかいた図における，直線と直線との交点および直線と円との交点の個数を調べることにする。
下の表は，$n=1$，$n=2$ のときの図の一例と，それらの図における交点の個数をそれぞれ示したものである。

nの値	1	2
図の一例	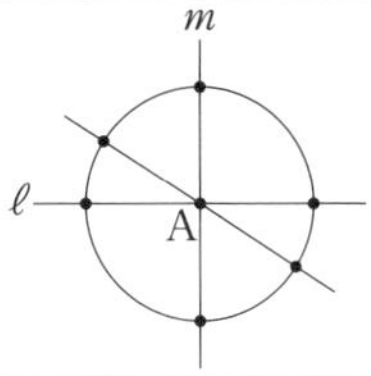	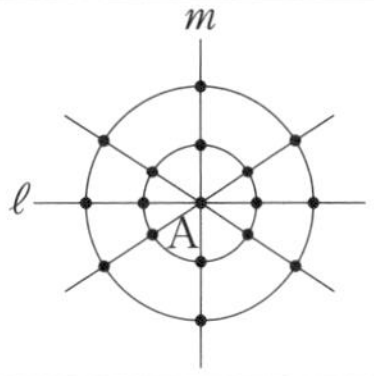
交点の個数(個)	7	17

60%　このとき，次の問いに答えなさい。
(1) $n=3$ のとき，交点の個数を求めなさい。
38%　(2) 交点の個数が161のとき，nの値を求めなさい。　〈神奈川県〉

2

棒と粘土を使って，太郎さんは**図1**のように正方形を10個つなげた形を作り，使った棒の本数を次のように求めた。陽子さんは，**図2**のように立方体をn個つなげた形を作るときに使う棒の本数を，太郎さんの考え方を参考にして求めた。①～④にあてはまる式をnを用いて表しなさい。

太郎さん
　つながっていない正方形が10個あると考えると棒の本数は(4×10)本。しかし，**図1**のように隣り合う正方形で重なって数えられる棒が1本ずつ9か所にあるので，(1×9)本多く数えられている。したがって，使った棒の本数は$(4\times10-1\times9)$で求められるので31本である。

図1

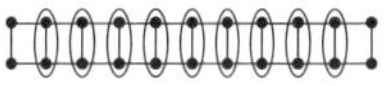

陽子さん
　つながっていない立方体がn個あると考えると棒の本数は［①］本。しかし，**図2**のように隣り合う立方体で重なって数えられる棒が4本ずつ［②］か所にあるので，［③］本多く数えられている。
したがって，使う棒の本数は(［①］−［③］)で求められるので［④］本である。

図2 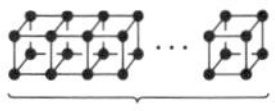
n個

62%　50%　36%　差がつく!! 25%

〈秋田県〉

場合の数

例題

正答率 39%

階段を上るとき，1段ずつ上るか，2段ずつ上るか，1段と2段をまぜて上るかのいずれかとする。例えば，階段が3段のときの上り方は，下の図のように考えると，1段ずつ上ると「1段+1段+1段」の1通り，1段と2段をまぜて上ると「1段+2段」，「2段+1段」の2通り，2段ずつは上れないので，上り方は全部で3通りある。
階段が5段のときの上り方は，全部で何通りあるか求めなさい。〈埼玉県〉

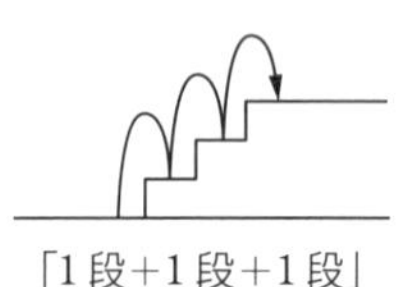
「1段+1段+1段」

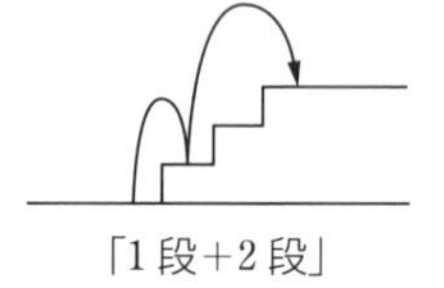
「1段+2段」

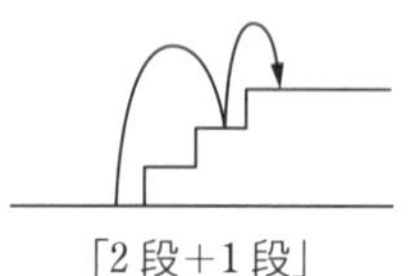
「2段+1段」

ミスの傾向と対策

▶ 3段のとき3通りだから，5段なら5通りと答えるケース。
数えあげる方法としては，右の解き方のように場合分けをするとわかりやすい。場合の数を数えるときは，どのような場合があるか，重なりや落ちのないように分類して，数えあげることが大切である。

解き方

- 1段ずつ上る場合が1通り。
- 1回だけ2段上る場合が，$5=2+1+1+1$ より，何回目に2段上るかで4通り。
- 2回，2段上る場合が，$5=2+2+1$ より，何回目に1段上るかで3通り。

よって，全部で，$1+4+3=8$(通り)

解答 8通り

入試必出！ 要点まとめ

● 場合の数は，数えるときに落ちや重なりのないように，樹形図や表などを使い，分類，整理をして，順序よく調べる。

- 3枚のコインの裏表の出方
樹形図

○＜○＜○, ×／×＜○, ×
×＜○＜○, ×／×＜○, ×
(○…表，×…裏)

- 大小2個のさいころの目の積が6の倍数

	1	2	3	4	5	6
1	1	2	3	4	5	6
2	2	4	6	8	10	12
3	3	6	9	12	15	18
4	4	8	12	16	20	24
5	5	10	15	20	25	30
6	6	12	18	24	30	36

- 赤玉2個，白玉2個の4個から2個の取り出し方…赤玉を❶，❷，白玉を①，②とすると，
{❶，❷}，{❶，①}，{❶，②}，{❷，①}，{❷，②}，{①，②}の6通り。
- A，B，C，Dの4人から3人を選ぶ選び方
{A，B，C}，{A，B，D}，{A，C，D}，{B，C，D}の4通り ← 選ばれない1人を考えて，4通りとしてもよい。
- A，B，C，Dの4人のうちの3人の並び方
3人の組は{A，B，C}，{A，B，D}，{A，C，D}，{B，C，D}の4通りで，並び方は，例えばA，B，Cの3人の場合，(A，B，C)，(A，C，B)，(B，A，C)，(B，C，A)，(C，A，B)，(C，B，A)の6通りある。他の場合もそれぞれ6通りあるから，$4\times6=24$(通り)

1 39%

5 人の生徒が，校舎を背景に横一列に並んで記念撮影をする。5 人のうち，A さんと B さんは必ず両端に並ぶものとする。このとき，5 人の並び方は全部で何通りあるか，求めなさい。 〈広島県〉

2  38%

図のような 5 枚のトランプのカードがある。
この 5 枚のカードから 3 枚のカードを選ぶとき，その選び方は全部で何通りあるか，求めなさい。 〈宮崎県・改〉

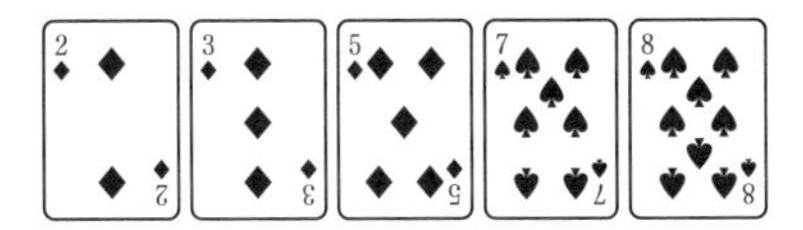

3 28%

A さんは 400 円以内であめとガムを買う。あめは 1 個 40 円，ガムは 1 個 110 円で買うことができる。A さんが支払うあめとガムの代金の合計は全部で何通りの場合があるか，求めなさい。ただし，あめもガムも必ず 1 個は買うものとする。 〈広島県〉

4 26%

真美さん，明子さん，香さんの女子 3 人と，一郎さん，浩さん，孝さんの男子 3 人の合計 6 人で，リレーのチームをつくった。女子は，1，3，5 番目を，男子は，2，4，6 番目を走ることになり，次の①～③の手順で走る順番を決めることにした。

> ① 1 から 6 までの数字を 1 つずつ書いた 6 枚のカード**1**，**2**，**3**，**4**，**5**，**6**をつくる。
> ② 女子 3 人は**1**，**3**，**5**から，男子 3 人は**2**，**4**，**6**から，カードをよくきった後に，それぞれ 1 枚ずつ異なるカードを選び，同時に取り出す。
> ③ 取り出したカードに書かれた数字の順番に走る。

真美さんが 1 番目を走ることになる場合は，全部で何通りあるか，求めなさい。〈宮崎県・改〉

さいころの確率

例題

正答率 35%

右の図において，2点P，Qは，それぞれ正五角形ABCDEの頂点を，さいころの出た目の数だけ左回りに1つずつ順に動く点である。いま，大小2つのさいころを同時に1回だけ投げて，大きいさいころの出た目の数だけ点Pは頂点Aから動き，小さいさいころの出た目の数だけ点Qは頂点Bから動くものとする。このとき，2点P，Qがともに正五角形の同じ頂点で止まる確率を求めなさい。ただし，さいころはどの目が出ることも同様に確からしいものとする。〈高知県〉

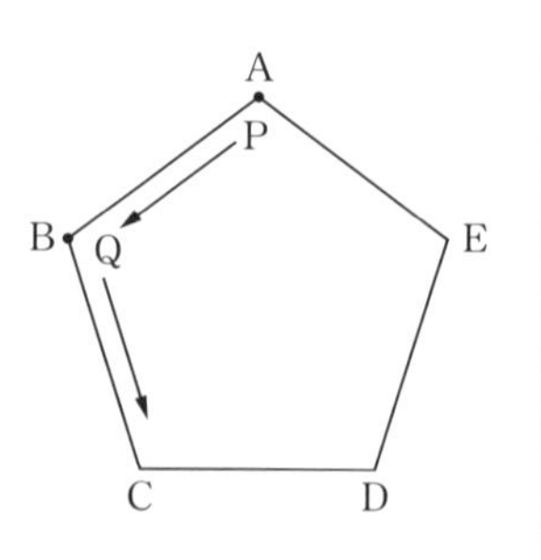

▶答えが $\frac{5}{36}$ や $\frac{1}{9}$ になった。

大きいさいころの目の数が1より大きいという条件だけで5通りと考えたり，点P，QがAまで動いて終わりと考えて4通りとしたりするミスが多かったと考えられる。さいころの目は6までの6通り，頂点は5個なので，点PはBまで，点QはCまで動くことを見落としてはいけない。

解き方 大きいさいころの目が小さいさいころの目よりも1大きいか，4小さいとき，PとQは同じ頂点に止まる。よって，(大の目，小の目)が，(2, 1), (3, 2), (4, 3), (5, 4), (6, 5)と，(1, 5), (2, 6)の7通りある。
さいころの目の出方は，全部で $6\times6=36$(通り)あるから，求める確率は，$\frac{7}{36}$

解答 $\frac{7}{36}$

入試必出! 要点まとめ

- **確率**…実験や観察を行った結果，起こりうる場合が全部で n 通りあり，そのどれが起こることも同様に確からしいとき，ことがらAが起こることが a 通りある。→ Aの起こる確率 P は，
  $P=\frac{a}{n}$ ただし，$0\leqq P\leqq 1$
  決して起こらないことが起こる確率は，0　例さいころを投げて7の目が出る確率
  必ず起こることが起こる確率は，1　例さいころを投げて，6以下の目が出る確率
- **さいころの確率**
  - さいころ1つを投げる → $n=6$(通り)
  - 大小2つのさいころを投げる → $n=6\times6=36$(通り)
  - 目の数の和や差，積，商の確率 → 場合の数のまとめのような表を利用するか，落ちや重なりが起こらないように，規則を決めて書きだす。差では，$a-b$ と $b-a$ の両方があることに注意する。
  - 約数の確率　例さいころを投げて，24の約数の目が出る確率 →「24の約数は，1, 2, 3, 4, 6, 8, 12, 24だから」8通りとしない。さいころの目は6までしかないから，5通りである。
  - 整数の確率　例大きいさいころの目を十の位の数，小さいさいころの目を一の位の数とする2けたの整数が26以下，11以上になる確率 → 20, 19, 18, 17はつくれないことに注意する。
  - 図形の辺上を動く点の確率 → 三角形，四角形，五角形の場合，1まわり以上進むことに注意する。

実力チェック問題

解答・解説 別冊 P. 20

1

右の図のように，円周を12等分した点があり，そのうちの1つをOとする。大小2つのさいころを同時に1回投げ，大きいさいころの出た目の数をa，小さいさいころの出た目の数をbとする。このとき，次の〈ルール〉にしたがって点A，Bを定め，3点O，A，Bを結ぶ。

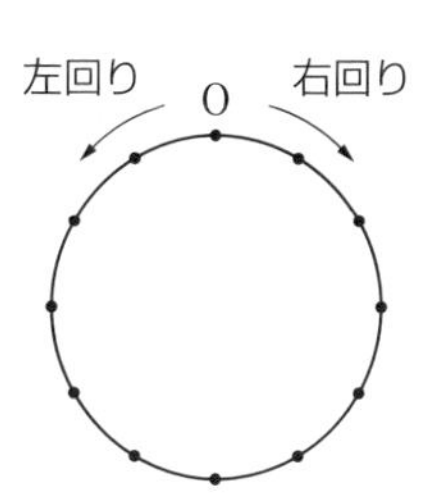

〈ルール〉
点A…点Oから円周上の点を左回りに，aが奇数の場合はa個分，aが偶数の場合は$\frac{a}{2}$個分進んだ点とする。
点B…点Oから円周上の点を右回りにb個分進んだ点とする。

44%
(1) $a=2$ のとき，△OABが直角三角形になるようなbの値をすべて求めなさい。

差がつく!! 12%
(2) △OABが直角二等辺三角形になる確率を求めなさい。ただし，さいころのどの目が出ることも同様に確からしいものとする。

〈秋田県〉

2

34%

1から6までの目のついた大，小2つのさいころを同時に投げたとき，大きいさいころの出た目の数をa，小さいさいころの出た目の数をbとする。このとき，$\sqrt{ab}$ の値が自然数となる確率を求めなさい。

〈新潟県〉

3

差がつく!! 25%

表が白，裏が黒のメダルが9枚ある。この9枚のメダル全部を白にして，右の図のように縦横3枚ずつ並べる。また，それぞれ縦横3枚ずつのメダルを第1列から第6列とする。
このとき，次の操作を2回続けて行う。

第1列→ ○○○
第2列→ ○○○
第3列→ ○○○
↑第4列 ↑第5列 ↑第6列

操作：1から6までの目が出るさいころを1回投げて，出た目と同じ数の列のメダル3枚をすべて裏返す。

例えば，1回目に「1」の目が出ると第1列を裏返し，2回目に「4」の目が出ると第4列を裏返すので，次のようになる。

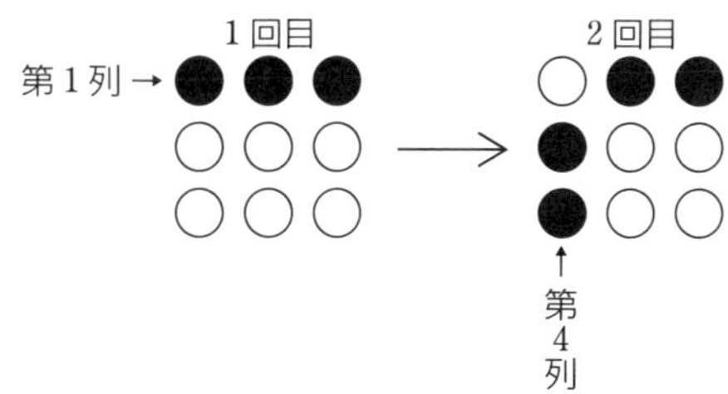

メダル全部が白の状態から，操作を2回続けて行うとき，結果として9枚のメダルの中央のメダルが白である確率を求めなさい。

〈埼玉県〉

中央のメダル

カードや玉の確率

例題

正答率
(1) 83%（絶対落とすな!!）
(2) 42%

Pの袋には1，2，3，4，5の数字を1つずつ書いた5個の玉が入っており，Qの袋には2，3，4，5，6の数字を1つずつ書いた5個の玉が入っている。

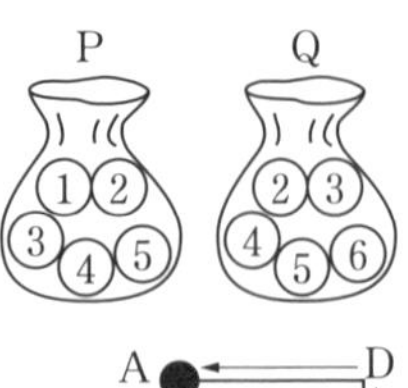

右の図のような四角形ABCDの頂点Aの位置にコインを置き，次の(ア)，(イ)の2つの操作を順に行う。

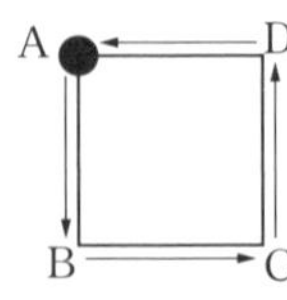

〈操作〉
(ア) Pの袋の中身をよくかきまぜてから玉を1個取り出す。
　コインを，Aを出発点として，取り出した玉に書いてある数だけ各頂点上を矢印の向きに動かす。
　例えば，5と書いてある玉を取り出したときは，コインをA→B→C→D→A→Bと5つ動かし，Bでとめる。
(イ) Qの袋の中身をよくかきまぜてから玉を1個取り出す。
　コインを，(ア)の操作でとまった頂点を出発点として，取り出した玉に書いてある数だけ(ア)と同じように動かす。

(1) (ア)の操作を1回行うとき，コインがCにとまる確率を求めなさい。
(2) (ア)，(イ)の操作を順に1回ずつ行うとき，コインがCにとまる確率を求めなさい。
〈福島県〉

ミスの傾向と対策

▶**(1)** で $\frac{2}{5}$ と答えた。
　Qにも②があるので，それもふくめて2通りあると考えたミスが考えられる。問題には(ア)の操作を1回とあるので，Pの袋だけで考えればよい。

▶**(2)** で $\frac{12}{25}$ と答えた。
　P，Qの順に取り出すのを，和を考えて，Q，Pの順に取り出す場合も入れてしまったと考えられる。
　問題文が長文の場合，早とちりをしがちだが，文章を落ち着いて読み，題意を正しく読みとろう。

解き方
(1) Cにとまるのは，②の玉を出したときの1通りだから，求める確率は，$\frac{1}{5}$

(2) 玉の取り出し方は，全部で $5\times5=25$（通り）
Cにとまるのは，2つの玉の数の和が2，6，10のときである。(Pの玉の数，Qの玉の数)で表すと，
和が2のときはない。
和が6のとき，(①，⑤)，(②，④)，(③，③)，(④，②)の4通り。
和が10のとき，(④，⑥)，(⑤，⑤)の2通り。
求める確率は，$\frac{4+2}{25}=\frac{6}{25}$

解答 **(1)** $\frac{1}{5}$　**(2)** $\frac{6}{25}$

入試必出! 要点まとめ

● **組み合わせと並べ方のちがいに気をつけよう。**
例　1，2，3の3つの数字から2つを選ぶ選び方→{1，2}，{1，3}，{2，3}の3通り。
　　1，2，3の3つの数字から2つを選んで2けたの整数をつくる→12，13，21，23，31，32の6通り。

1　38%

右の図のように，1 から 10 までの数を 1 つずつ書いた 10 個のボールがある。この 10 個のボールを袋に入れ，袋の中から 1 個のボールを取り出すとき，そのボールに書かれた数が 10 の約数である確率を求めなさい。　〈北海道〉

①②③④⑤
⑥⑦⑧⑨⑩

2　31%

右の図の 3 段 3 列のマス目には，1 段目は左，2 段目は右，3 段目は中央の列のマスがぬりつぶされていて，残りの 6 つのマスには 1 から 6 までの整数が 1 つずつ書かれている。

数を 1 つずつ書いた 6 枚のカード，1，2，3，4，5，6 をよくきってから 1 枚ひき，ひいたカードに書いてある数と同じ数が書かれているマスをぬりつぶす。続いて，残りの 5 枚のカードからもう 1 枚カードをひき，ひいたカードに書いてある数と同じ数が書かれているマスをぬりつぶしたとき，縦，横，ななめのいずれかに，ぬりつぶされたマスが 3 つ並ぶ確率を求めなさい。　〈宮城県〉

1 段目	■	1	2
2 段目	5	6	■
3 段目	4	■	3

3　30%

図1の △ADG で，点 B，C は辺 AD 上に，点 E，F は辺 DG 上に，点 H，I は辺 GA 上にあり，AB＝BC＝CD，DE＝EF＝FG，GH＝HI＝IA である。3 点 C，F，I を頂点とする △CFI をつくる。さらに，次の［　］内の［操作］を行って三角形をつくり，［操作］を行ってできる三角形と △CFI との重なる部分を考える。次の問いに答えなさい。

図1

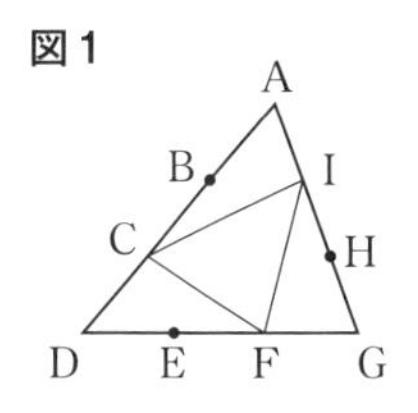

図2

C　E　F　G　H

［操作］
図2のように，C，E，F，G，H の文字を書いたカードがそれぞれ 1 枚ずつある。この 5 枚のカードをよくきってから，同時に 2 枚のカードをひく。ひいた 2 枚のカードに書かれている文字と同じ点を選び，選んだ 2 つの点と点 B の 3 点を頂点とする三角形をつくる。

図3は，ひいた 2 枚のカードに書かれている文字が C と F のときの図であり，重なった部分は斜線で示した三角形である。

上の［　］内の［操作］を行って三角形をつくるとき，［操作］を行ってできる三角形と △CFI との重なる部分が四角形になる確率を求めなさい。　〈奈良県・改〉

図3

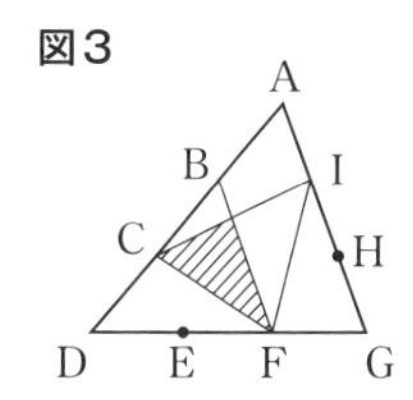

データの比較

例題

右のデータは，18 人の 50 点満点のテストの結果である。

34	30	45	20	40	32	15	20	43
16	30	24	50	45	42	42	15	25

(1) このデータの四分位数を求めなさい。

(2) このデータの四分位範囲を求めなさい。

(3) このデータの箱ひげ図をかきなさい。

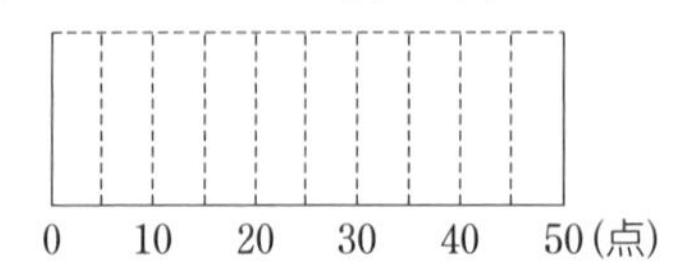

ミスの傾向と対策

▶各四分位数を求められない。

データを小さい順に並べて 4 等分し，区切り線を入れて考えるとよい。

解き方 データを値の小さい順に並べて区切り線を入れると，次のようになる。

15　15　16　20　20　24　25　30　30 |
32　34　40　42　42　43　45　45　50

(1) 第 2 四分位数は 18 個のデータの真ん中の値より，9 番目と 10 番目の値の平均で，31 点
第 1 四分位数は第 2 四分位数までの 9 個のデータの真ん中の値で，20 点
第 3 四分位数は第 2 四分位数の後のデータの真ん中の値で，42 点

(2) 四分位範囲は，42－20＝22 (点)

(3) 第 1 四分位数と第 3 四分位数が箱の両端になる。

解答

(1) 第 1 四分位数は 20 点，第 2 四分位数は 31 点，第 3 四分位数は 42 点

(2) 22 点

(3)

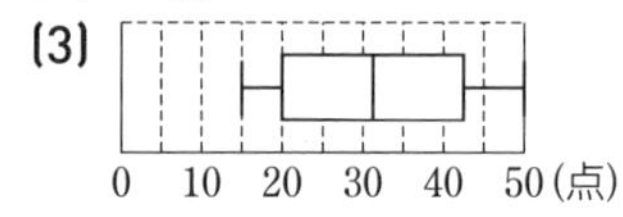

入試必出！ 要点まとめ

四分位数と箱ひげ図

- 箱ひげ図…右の図のように，最小値，最大値，四分位数を，箱と線で表したもの。

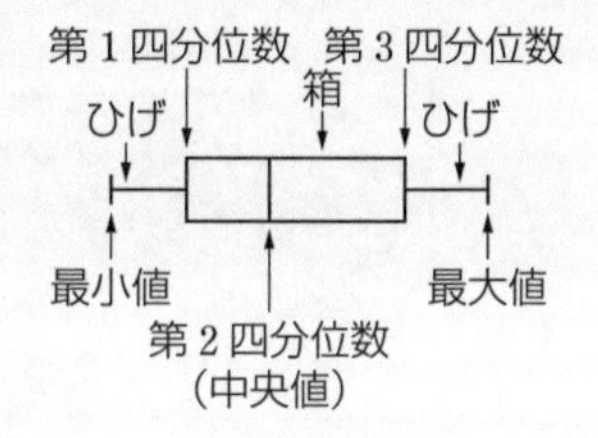

- 四分位数…データを小さい順に並べて 4 等分したときの 3 つの区切りの位置の値を，小さい順に第 1 四分位数（しぶんいすう），第 2 四分位数，第 3 四分位数といい，第 2 四分位数は中央値である。

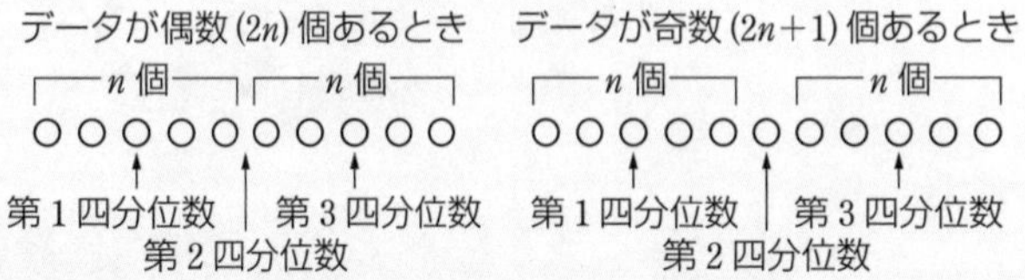

データが偶数 ($2n$) 個あるとき
n 個　n 個
○○○○○○○○○○
第 1 四分位数　第 3 四分位数
第 2 四分位数

データが奇数 ($2n+1$) 個あるとき
n 個　n 個
○○○○○○○○○○○
第 1 四分位数　第 3 四分位数
第 2 四分位数

- 四分位範囲…(第 3 四分位数)－(第 1 四分位数)

1

次の図は，A 組 35 人，B 組 35 人，C 組 34 人の生徒が 1 学期に読んだ本の冊数の記録を，クラスごとに箱ひげ図に表したものである。下の(1)，(2)に答えなさい。

図

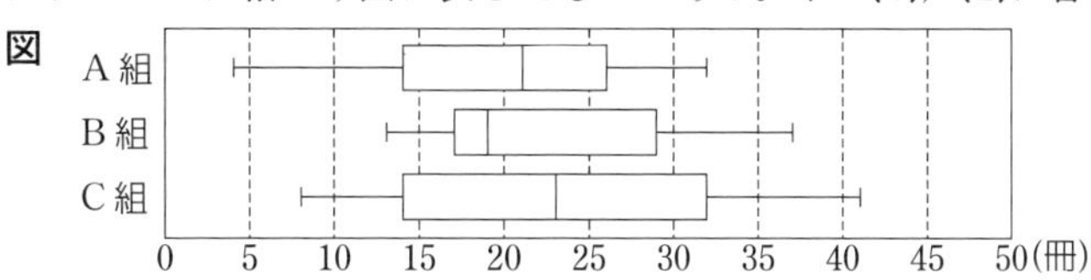

(1) **図**から読みとれることとして，次のように考えた。

(Ⅰ) 四分位範囲が最も大きいのは A 組である。

(Ⅱ) 読んだ本の冊数が 20 冊以下である人数が最も多いのは B 組である。

(Ⅲ) どの組にも，読んだ本の冊数が 30 冊以上 35 冊以下の生徒が必ずいる。

(Ⅰ)～(Ⅲ)はそれぞれ正しいといえるか。次の**ア**～**ウ**の中から最も適切なものを 1 つずつ選び，その記号をかきなさい。

ア　正しい　　**イ**　正しくない　　**ウ**　この図からはわからない

(2) C 組の記録をヒストグラムに表したものとして最も適切なものを，次の**ア**～**エ**の中から 1 つ選び，その記号をかきなさい。

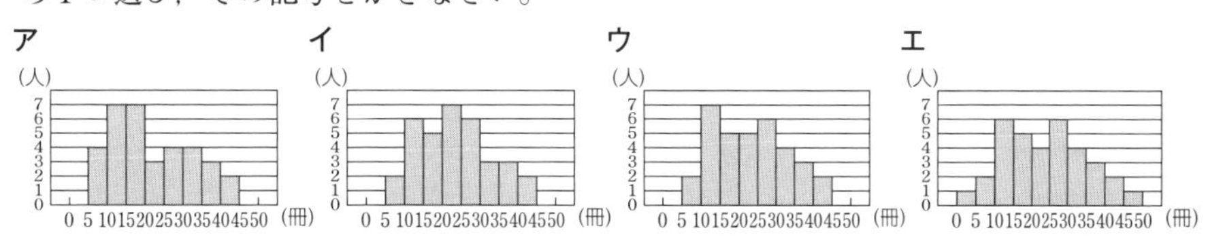

2

26%

次の図は，A，B，C の 3 か所の農園で，それぞれ収穫した 400 個のいちごの重さを調べて，箱ひげ図にまとめたものである。この箱ひげ図から読みとることができることがらとして正しいものを，あとのア～オから 2 つ選び，記号で答えなさい。

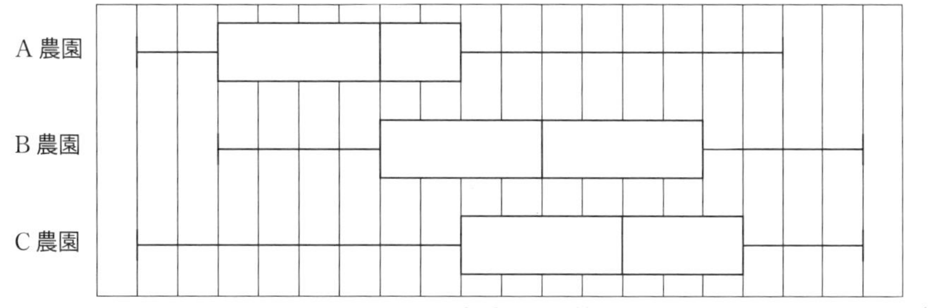

ア　A 農園のいちごの重さの平均値は 27 g である。

イ　A，B，C の農園の中では，第 1 四分位数と第 3 四分位数ともに，C 農園が一番大きい。

ウ　A，B，C の農園の中で，重さが 34 g 以上のいちごの個数が一番多いのは C 農園である。

エ　A，B，C の農園の中では，四分位範囲は，C 農園が一番大きい。

オ　重さが 30 g 以上のいちごの個数は，B 農園と C 農園ともに，A 農園の 2 倍以上である。

〈鳥取県〉

図形と関数の総合問題

例題

正答率

差がつく!!

19%

図1のように，底面 ABCD，EFGH が正方形である正四角柱の辺上を，点 P は，毎秒 1 cm の速さで，E から G まで E → A → D → C → G の順に動く。

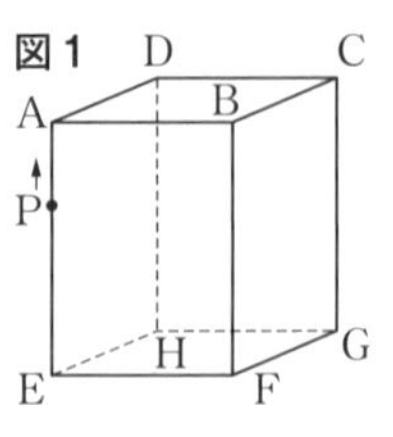

図2は，点 P を頂点とし，正方形 EFGH を底面とする四角錐を表したものである。

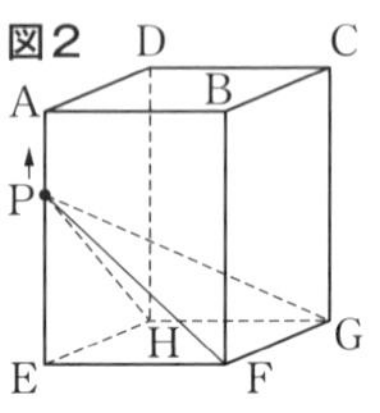

図3は，点 P が動きはじめてから x 秒後の四角すいの体積を y cm^3 として，点 P が E から A まで動いたときの x と y の関係をグラフに表したものである。
点 P が A から G まで動いたときの x と y の関係を表すグラフを，**図3**にかき加えなさい。　〈千葉県〉

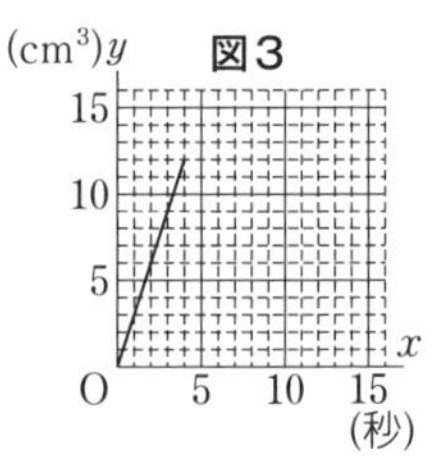

ミスの傾向と対策

▶グラフの活用ができない。

四角柱の辺の長さがわからないため，解くことをあきらめてしまったケースも多いと考えられるが，グラフは $0 \leqq x \leqq 4$ のときのもので，点 P が A に着くまでだから，AE=4 cm がわかる。また，四角錐の体積は $\frac{1}{3}$×(底面積)×(高さ) で求められることから，底面積が求められる。底面は正方形なので，1 辺の長さがわかり，点 P が A から C まで動くときの時間がわかる。このように，与えられた条件から何がわかるのか，グラフの意味するところは何かを読みとる力をつけよう。

グラフから，4 秒後の体積が 12 cm^3 とわかる。また，グラフは A まで動いたときのものだから，AE=4 cm である。

$x=4$ のとき $y=12$ より，底面積は，
$12 \times 3 \div 4 = 9$ (cm^2)，底面の正方形の 1 辺は，
$\sqrt{9} = 3$ (cm)
点 P が辺 AD，DC 上にあるとき，四角錐の高さは 4 cm，底面積は 9 cm^2 で一定だから，
$4 \leqq x \leqq 4+3+3$，すなわち $4 \leqq x \leqq 10$ のとき，
$y=12$
その後，体積は毎秒 3 cm^3 ずつ減って，
$x=14$ のとき $y=0$ となる。

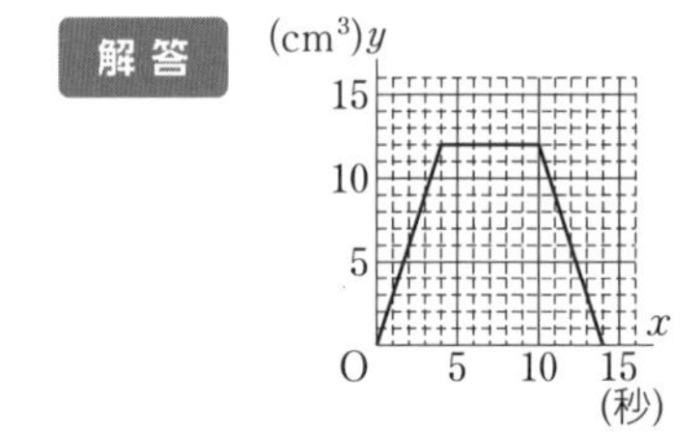

入試必出! 要点まとめ

総合問題では，文章が長くなり，それだけであきらめてしまうケースも多いと考えられるが，それでは高得点はねらえない。文章は落ち着いて読むこと。また，書かれている条件を正確に把握し，それを活用する力を養うことが大切である。はじめは時間をかけてもよいからじっくり考えて，長文問題を解くポイントをつかもう。

1

右の図で，①は関数 $y=ax^2$ のグラフであり，点(4, 8)を通っている。また，②は x 軸に平行な直線である。2つの円の中心 A，B は①上にあり，円 A は x 軸，y 軸，②に接し，円 B は y 軸と②に接している。次の問いに答えなさい。ただし，座標軸の単位の長さを 1 cm とする。

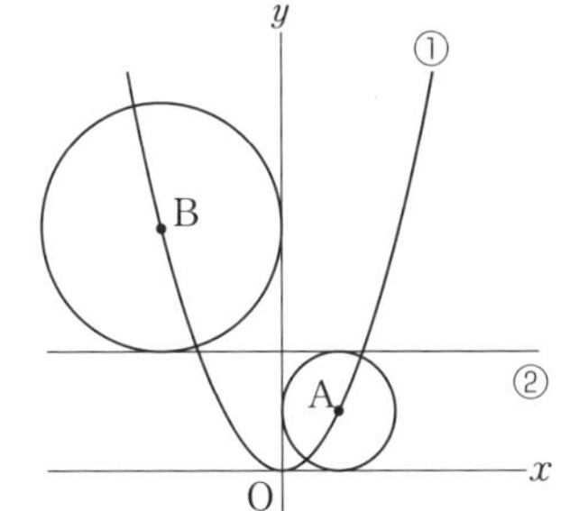

76%　(1) a の値を求めなさい。

47%　(2) 点 A の座標を求めなさい。

差がつく!! 20%　(3) 線分 AB の長さを求めなさい。

〈青森県〉

2

図1のように，関数 $y=\frac{1}{4}x^2$ のグラフと直線 ℓ が，2点 A，B で交わり，点 A，B の x 座標はそれぞれ，4，−2 である。このとき，次の問いに答えなさい。

図1

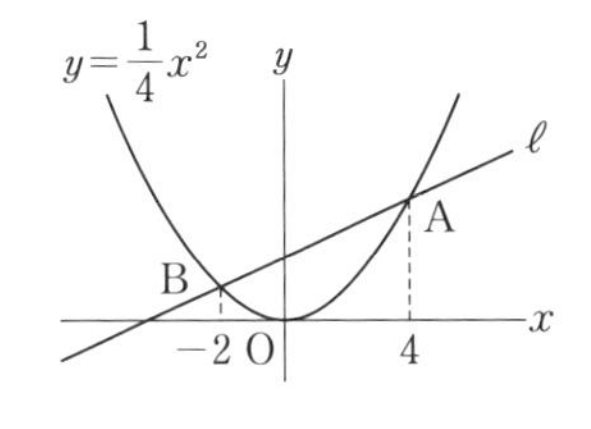

絶対落とすな!! 93%　(1) 点 A の y 座標を求めなさい。

76%　(2) 直線 ℓ の式を求めなさい。

(3) **図2**は，**図1**において，原点 O を中心とし，点 A を通る円をかいたものであり，点 C は円周と直線 ℓ との交点で，x 座標は負，点 D は円周と x 軸との交点で，x 座標は正である。
このとき，次の問いに答えなさい。

図2

差がつく!! 8%　① 円周上に，y 座標が負である点 E を，$\angle ACE=54°$ となるようにとる。
このとき，$\angle DOE$ の大きさを求めなさい。

差がつく!! 1%　② 点 D を含む $\overset{\frown}{AC}$ 上に，x 座標が正である点 F を，$\triangle ABO=\triangle ABF$ となるようにとる。
このとき，点 F の x 座標を求めなさい。

〈宮崎県〉

3　36%

右の図のように，関数 $y=\frac{1}{3}x+2$ のグラフ上に点 A(3, 3)，x 軸上に x 座標が正の数である点 B がある。関数 $y=\frac{1}{3}x+2$ のグラフと y 軸との交点を C とする。四角形 ACOB が線対称な図形であるとき，2点 A，B を通る直線の式を求めなさい。

〈広島県〉

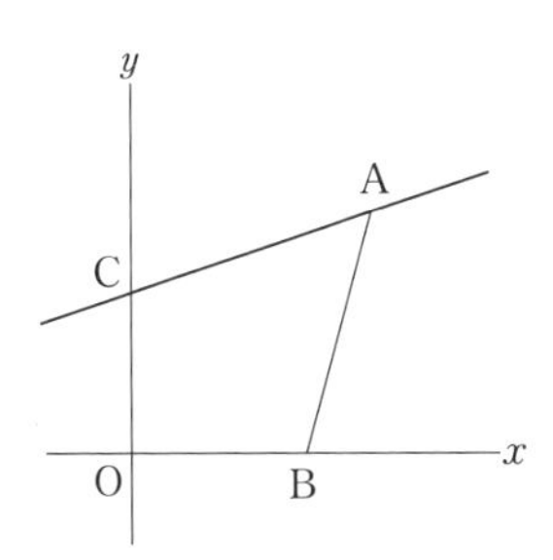

図形の総合問題 1

例題

正答率
(1) 44%
差がつく!! (2) 25%
差がつく!! (3) 23%

図1は，横 10 cm，縦 6 cm，高さ 8 cm の直方体の容器に水をいっぱいに入れたものである。この状態から容器を傾け，水をこぼしていき，容器に残った水の体積を調べる学習をした。
このとき，次の問いに答えなさい。ただし，容器の厚さは考えないものとする。

図1

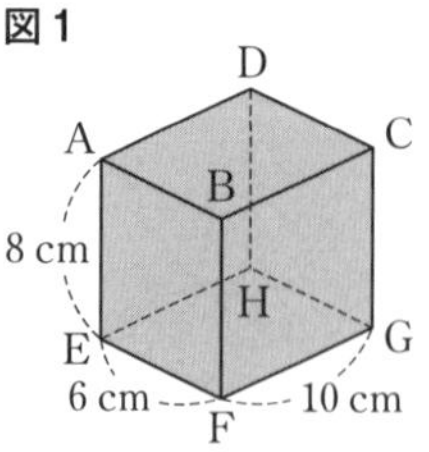

A D C B H E G F 8 cm 6 cm 10 cm

図2

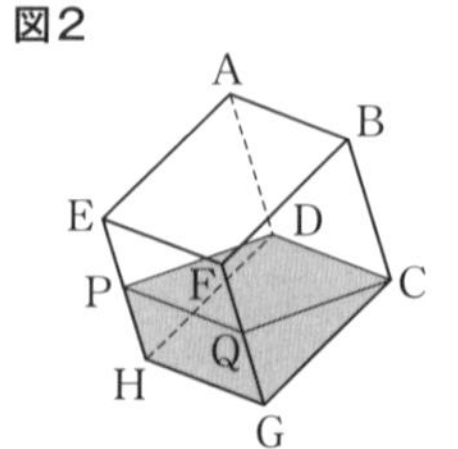

図3

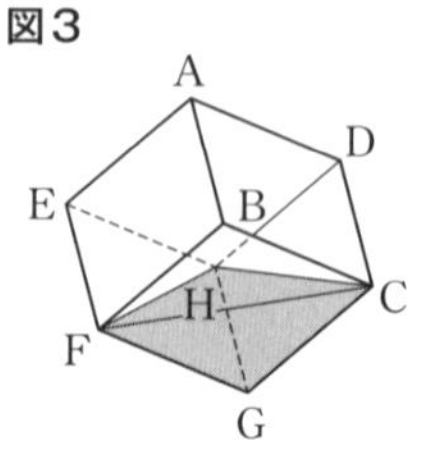

(1) **図2**において，点 P，Q はそれぞれ辺 EH，辺 FG の中点である。
恵子さんは，**図2**のように水面が四角形 CDPQ となった時点でこぼすのをやめた。このとき，こぼす前の水(**図1**)の体積と，残っている水(**図2**)の体積の比を，最も簡単な整数の比で表しなさい。

(2) 良夫さんは，**図3**のように水面が三角形 CHF となった時点でこぼすのをやめた。このとき，残っている水の体積を求めなさい。

図4

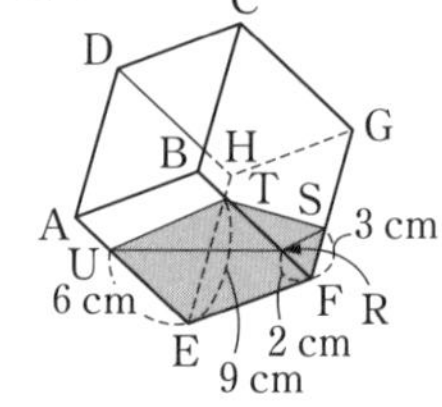

(3) 律子さんは，**図1**の状態から水をこぼしていき，あるところでこぼすのをやめ，傾いた角度を元に戻す途中でとめたところ，**図4**のように水面が四角形 RSTU となった。ただし，FR＝2 cm，FS＝3 cm，ET＝9 cm，EU＝6 cm である。
このとき，△FSR∽△ETU となることを証明しなさい。 〈山梨県・改〉

ミスの傾向と対策

▶(1)で相似の証明ができない。
2 組の角が等しいことを証明しようとしてできなかったケースが考えられるが，ここでは，2 組の辺の比とその間の角が等しいことを利用しよう。容器を傾けたとき，水はどのような形になるか，考察する力を養っておこう。

解き方

(1) はじめの水の体積は，
$6\times10\times8=480\ (\mathrm{cm}^3)$
残った水の体積は，△CQG を底面とする三角柱と考えて，$\left(\frac{1}{2}\times\frac{10}{2}\times8\right)\times6=120\ (\mathrm{cm}^3)$
よって，求める比は，480：120＝4：1

(2) 底面が △CGF，高さが GH の三角錐と考えて，
$\frac{1}{3}\times\left(\frac{1}{2}\times8\times10\right)\times6=80\ (\mathrm{cm}^3)$

(3) △FSR と △ETU で，FR：EU＝2：6＝1：3，
FS：ET＝3：9＝1：3
また，直方体の各面は長方形だから，
∠RFS＝∠UET＝90°
よって，2 組の辺の比が等しく，その間の角が等しいから，△FSR∽△ETU

解答 (1) 4：1 (2) 80 cm³ (3) 解き方参照

要点まとめ

総合問題では，文章の読解力，思考力，応用力など，総合的な力が試される。また，いろいろな分野の知識も必要となる。不得意な分野をなくし，教科書の内容をまんべんなく学習しておこう。

1

1 辺 6 cm の正方形の折り紙を，右の手順にしたがって折ると正八角形ができる。次の (1)～(4) の問いに答えなさい。

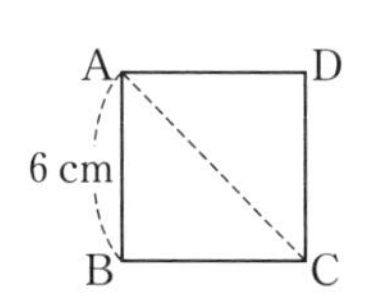

①折り紙の頂点をA，B，C，Dとして，対角線ACに折り目をつける。

⇨

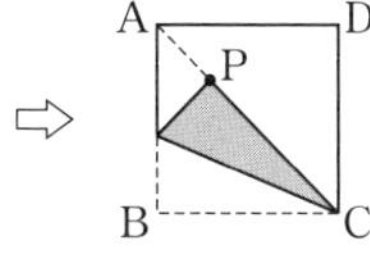

②辺BCが対角線ACと重なるように折り返し，頂点Bが移った点をPとする。

⇨

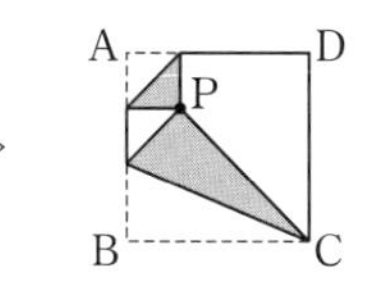

③頂点Aが点Pと重なるように折る。

⇨

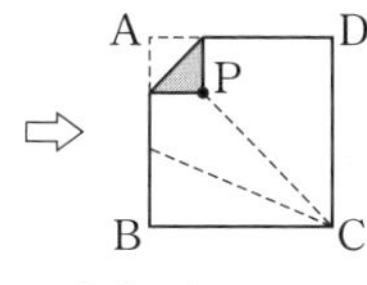

④②の折り返しをもとにもどす。

⇨

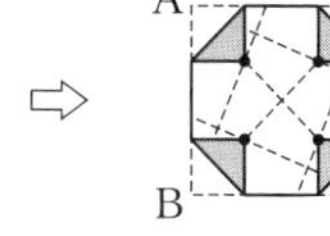

⑤頂点B，C，Dについて，①～④の手順を頂点Aの場合と同様に順に行う。

(1) 手順⑤でできた正八角形は線対称な図形である。これを，対称の軸で 2 つ折りにするとき，できる図形が五角形になる対称の軸は何本あるか。求めなさい。

(2) **図 1** のように，もとの正方形の対角線の交点を O，正八角形の頂点の 2 つをそれぞれ E，F とする。このとき，△AOE∽△OFE であることを証明しなさい。

図 1

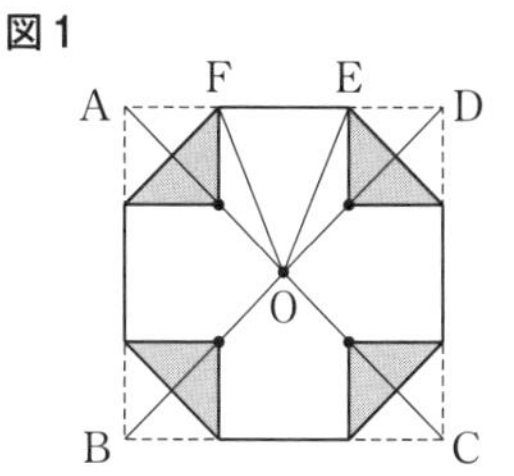

(3) **図 2** のように，もとの正方形の各頂点を折り返した点を A′，B′，C′，D′ とし，この 4 点を OA′＝OB′＝OC′＝OD′ となるようにしながら，もとの正方形の対角線上を点 O に近づけていくと，塗りつぶした部分 () の面積が白い部分 () の面積と等しくなった。このとき，八角形の頂点の 1 つを G として，線分 OG を半径とする円の面積は何 cm^2 か。求めなさい。ただし，円周率は π とする。

図 2

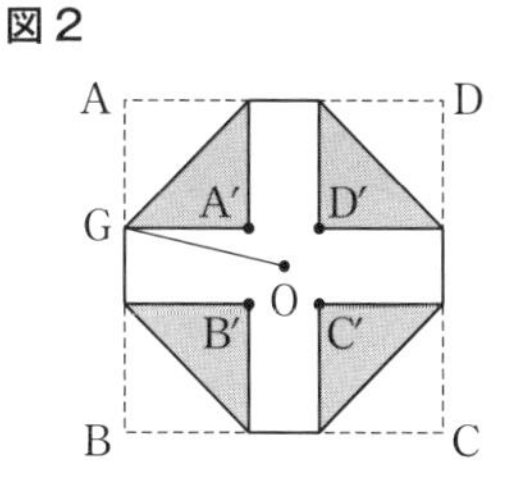

〈滋賀県〉

図形の総合問題2

例題

正答率

(1)① 46%

(1)② 42%

差がつく!! (2) 8%

(1) **図1**のように，半径1の円Oの円周を6等分する点A, B, C, D, E, Fがある。次の①，②の問いに答えなさい。

図1

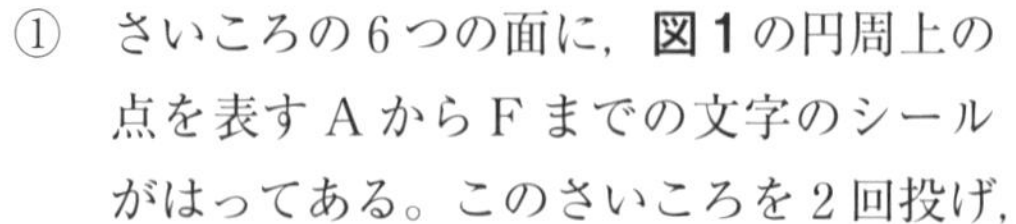

① さいころの6つの面に，**図1**の円周上の点を表すAからFまでの文字のシールがはってある。このさいころを2回投げ，出た文字の2つの点を結んだとき，線分の長さが1になる確率を求めなさい。ただし，同じ文字が出たときは線分の長さを0とする。また，どの文字が出ることも同様に確からしいとする。

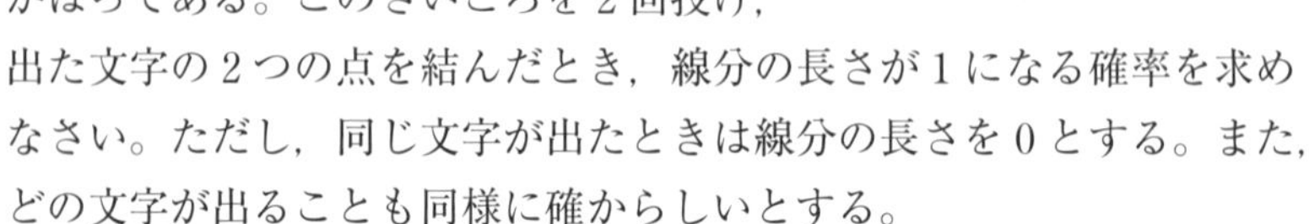

② **図2**のように，線分AB，EFの中点を，それぞれ点P，Qとするとき，線分PQの長さを求めなさい。

図2

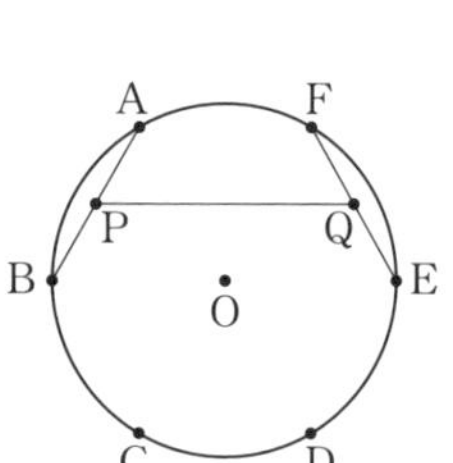

〈滋賀県〉

(2) **図1**のサッカー場のゴール付近で，シュートを打つ練習をする。**図2**のように，ゴールエリアの長方形の辺ABを延長し，AC＝3ABとなる点をC，ゴールライン上のゴールポストの位置を示す点をD，Eとする。線分AC上の2点C，Pからゴールに向かってシュートを打つとき，∠DCE＝∠DPEとなる点Pをコンパスと定規を使って**図2**に作図しなさい。ただし，作図に使った線は消さないこと。

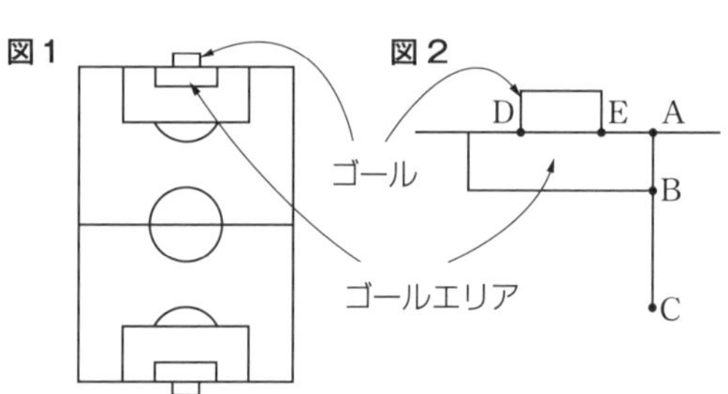

〈滋賀県〉

ミスの傾向と対策

▶(1) 線分の長さがわからない。
→ ABCDEFは正六角形，△ABOは正三角形。

▶(2) 角度が同じになるための条件がわからない。
→同じ弧に対する円周角が等しいことを利用する。

解き方 (1) ① 線分の長さが1になるのは2点が隣り合うときで，12通りある。

② △ABEと△AEFで中点連結定理を使う。

(2) ∠DCE＝∠DPEとなるのは，4点D, E, C, Pが同一円周上にあるとき。

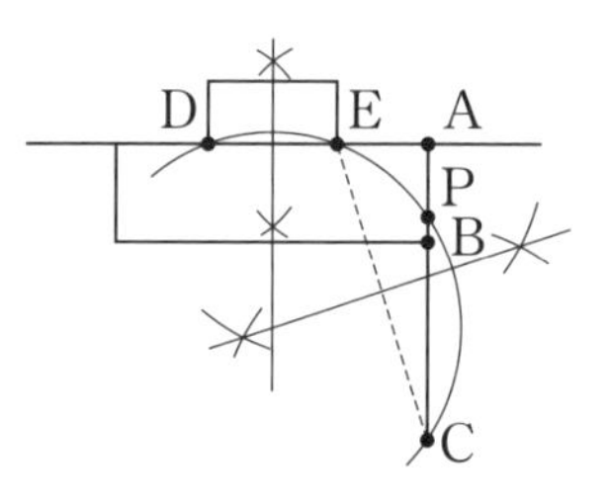

解答 (1) ① $\frac{1}{3}$ ② $\frac{3}{2}$ (2) 上の図

入試必出! **要点まとめ**

平面図形に関するさまざまな定理を，総合的に活用することが大切。

1

右の図において，△ABC は，AB＝AC＝7 cm，BC＝12 cm の二等辺三角形である。D は，辺 BC 上にあって B，C と異なる点である。
また，E は直線 AD について B と反対側にある点であり，△AED≡△ABD である。E と C とを結ぶ。F は，線分 AE と辺 BC との交点である。
次の問いに答えなさい。答えが根号をふくむ形になる場合は，その形のままでよい。

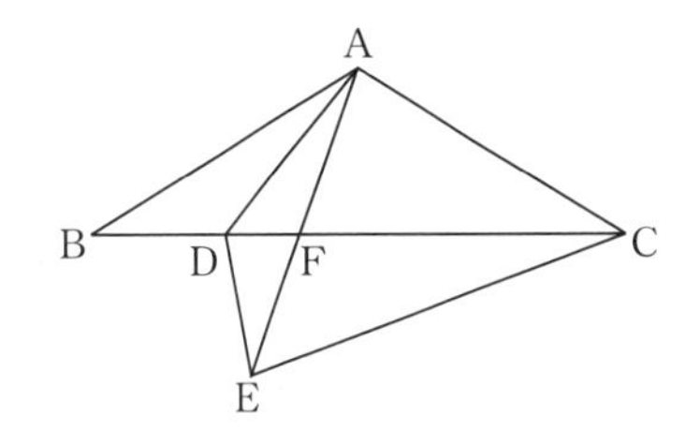

30% (1) △ADF∽△CEF であることを証明しなさい。

(2) BD＝3 cm であるとき，
① 線分 FC の長さを求めなさい。

② 線分 EC の長さを求めなさい。

〈大阪府〉

2

右の図のように，△ABC は，頂点 A，B，C が円 O の円周上にあり，∠ABC＝∠ACB である。点 D を，線分 BC について点 A と反対側の円周上にとり，線分 AD と線分 BC との交点を E とする。点 B と D，点 C と D をそれぞれ結び，線分 AD 上に，CF＝DF となるように点F をとる。
この図において，次の問いに答えなさい。

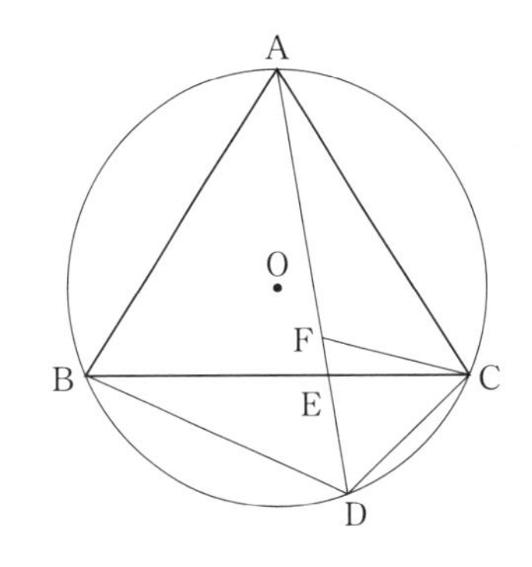

差がつく!! 2% (1) 下線部について，点F を作図する手順を，交点という言葉を 2 回以上，円という言葉を 1 回以上用いて説明しなさい。

(2) △AFC∽△BDC であることを証明しなさい。

(3) 円 O の半径が 5 cm，辺 BC を底辺としたときの △ABC の高さが 7 cm であるとき，△AFC と △BDC の面積の比を求めなさい。

〈山形県〉

数と式の総合問題

例題

正答率
(1) 67%
(2) 27%

数学の授業で，先生から次の問題が出された。

［問題］ 6でわったとき2余る正の整数と，6でわったとき3余る正の整数との積は，どんな数になるだろうか。

次の(1)，(2)の問いに答えなさい。

(1) みほさんは，どんな数になるか調べるために右の表をつくった。表中のア，イにあてはまる数の組を1つ書きなさい。ただし，アにあてはまる数は8より大きい数とする。

6でわったとき2余る正の整数	×	6でわったとき3余る正の整数	=	(積)
2	×	3	=	6
2	×	9	=	18
8	×	3	=	24
8	×	9	=	72
ア	×	3	=	イ

(2) みほさんは，(1)で調べたことから，「6でわったとき2余る正の整数と，6でわったとき3余る整数との積は，いつも6の倍数である。」と予想し，その予想が正しいことを次のように証明した。みほさんの証明を完成させなさい。

証明 6でわったとき2余る正の整数を，$6m+2$と表す。
ただし，mは0以上の整数とする。

したがって，6でわったとき2余る正の整数と，6でわったとき3余る正の整数との積は，いつも6の倍数である。

〈岐阜県〉

ミスの傾向と対策

▶どうやって証明したらいいのかわからない。→文字式で表してから考える。

6の倍数：6×整数

解き方 (1) 6でわったとき2余る正の整数は，2，8，14，……

(2) 同じように6でわったとき3余る正の整数は，$6n+3$と表すことができる。
2数の積$(6m+2)(6n+3)$が6の倍数になることを示せばよい。

解答 (1) 例 ア 14 イ 42

(2) 6でわったとき3余る正の整数を$6n+3$と表す。ただし，nは0以上の整数とする。
2数の積は，$(6m+2)(6n+3)=36mn+18m+12n+6$
$=6(6mn+3m+2n+1)$
m，nは整数なので，$(6mn+3m+2n+1)$も整数。
$6(6mn+3m+2n+1)$は6の倍数である。

要点まとめ

問題文から，解答を得るために必要な条件を読み取ることが大切。

1

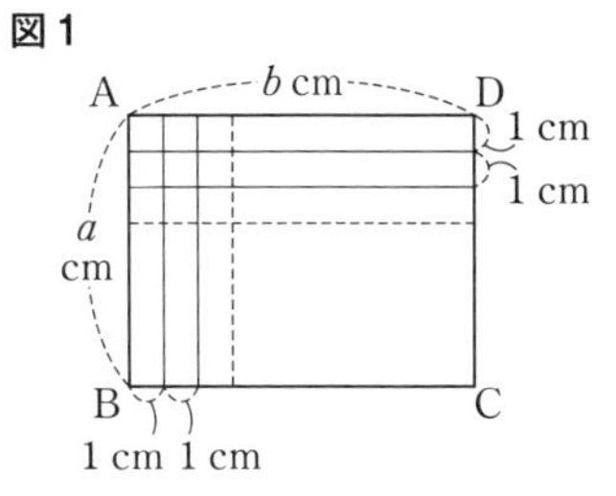

AB＝a cm，AD＝b cm (a，b は正の整数) の長方形ABCD がある。**図1**のように，辺 AB と辺 DC の間にそれらと平行な長さ a cm の線分を 1 cm 間隔にひく。同様に，辺 AD と辺 BC の間に長さ b cm の線分を 1 cm 間隔にひく。
さらに，対角線 AC をひき，これらの線分と交わる点の個数を n とする。ただし，2 点 A，C は個数に含めないものとし，対角線 AC が縦と横の線分と同時に交わる点は，1 個として数える。
また，長方形 ABCD の中にできた 1 辺の長さが 1 cm の正方形のうち，AC が通る正方形の個数を考える。ただし，1 辺の長さが 1 cm の正方形の頂点のみを AC が通る場合は，その正方形は個数に含めない。
例えば，**図2**のように $a=2$，$b=4$ のときは，$n=3$ となり，AC が通る正方形は 4 個である。
図3のように $a=2$，$b=5$ のときは，$n=5$ となり，AC が通る正方形は 6 個である。
このとき，次の (1)，(2)，(3) の問いに答えなさい。

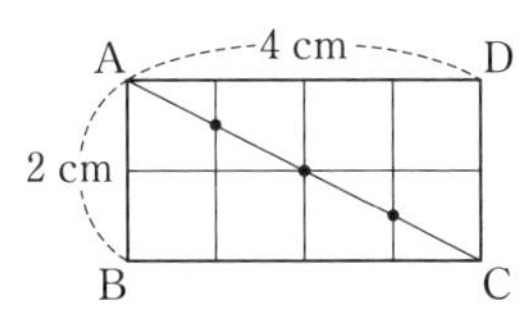

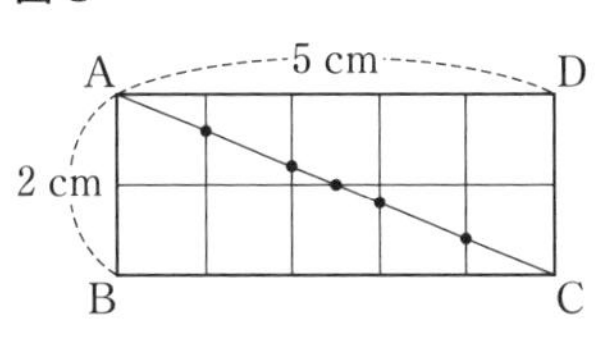

(1) $a=3$，$b=4$ のとき，次の①，②の問いに答えなさい。

48%　① n の値を求めなさい。

55%　② AC が通る正方形の個数を求めなさい。

差がつく!! 2%　(2) b の値が a の値の 3 倍であるとき，長方形 ABCD の中にできた 1 辺の長さが 1 cm のすべての正方形の個数から，AC が通る正方形の個数をひくと 168 個であった。このとき，a の方程式をつくり，a の値を求めなさい。
ただし，途中の計算も書くこと。

差がつく!! 0%　(3) $a=9$ のとき，$n=44$ であった。このとき，考えられる b の値をすべて求めなさい。

〈栃木県〉

データの活用の総合問題

例題

正答率

(1) 46%

(2) 38%

(1) 右の表は，あるクラスの生徒 40 人の休日の学習時間を度数分布表に表したものである。このクラスの休日の学習時間の中央値(メジアン)が含まれる階級の相対度数を求めなさい。〈埼玉県〉

学習時間(時間)	度数(人)
以上　　未満	
0 ～ 2	2
2 ～ 4	4
4 ～ 6	12
6 ～ 8	14
8 ～ 10	8
合計	40

(2) 箱の中に同じ大きさの白い卓球の球だけがたくさん入っている。この白い球が何個あるか，標本調査を行って推測しようと考えた。そこで，色だけが違うオレンジ色の球 200 個を箱に入れてよくかき混ぜ，そこから 50 個を無作為に抽出したところ，オレンジ色の球が 4 個含まれていた。
はじめに箱の中に入っていた白い球の個数を推測しなさい。〈千葉県〉

ミスの傾向と対策

▶(1) 中央値が含まれる階級を「4 時間以上 6 時間未満」の階級とした。→中央値を求める場合は，まずデータを小さい順に並べて，累積度数で考える。

▶(2) 2500 個と答えた。→抽出した 50 個は，白い球の数ではなく，白い球とオレンジ色の球の合計であることに注意する。$x : 200 = 50 : 4$ はまちがい。

解き方

(1) 総人数が 40 人より，中央値が含まれる階級は，時間の短いほうから数えて 20 番目と 21 番目の人が入っている階級だから，「6 時間以上 8 時間未満」の階級より，相対度数は，
$14 \div 40 = 0.35$

(2) 白い球とオレンジ色の球の割合が一定と考えて計算する。箱にある全部の白い球の数を x とすると，$x : 200 = (50-4) : 4$
$x = 46 \times 50 = 2300$ (個)

解答

(1) 0.35
(2) 2300 個

入試必出！ 要点まとめ

● データの活用

- 階級値…各階級のまん中の数
- 相対度数…(度数)÷(全体の度数)　→　一般的に小数第 2 位まで求める。
- 累積度数…各階級について，最初の階級からその階級までの度数の合計。
- 範囲(レンジ)…データの最大値から最小値をひいた値。

実力チェック問題

1

A さんのクラスの生徒 20 人が，バスケットボールのフリースローを 1 人 10 回ずつ行い，シュートが成功した回数を競うゲームを 2 ゲーム行った。下の表は，1 ゲーム目と 2 ゲーム目でシュートが成功した回数を記録したものである。このとき，次の〔1〕～〔4〕の問いに答えなさい。

表　シュートが成功した回数(回)

	A	B	C	D	E	F	G	H	I	J	K	L	M	N	O	P	Q	R	S	T	平均値
1 ゲーム目	2	1	0	1	3	1	8	2	5	5	6	4	6	5	0	1	7	7	5	5	3.7
2 ゲーム目	3	2	1	2	2	2	6	0	4	3	7	4	8	5	1	1	5	8	0	6	3.5

48%　〔1〕 2 ゲームの結果，少なくとも一方のゲームで 4 回以上シュートが成功した生徒の人数は，ゲームを行った生徒全体の人数の何％か。

36%　〔2〕 1 ゲーム目の中央値(メジアン)を表から求めると何回か。

69%　〔3〕 **図 1** は，1 ゲーム目の結果をヒストグラムに表したものである。**図 1** にならって，2 ゲーム目の結果を**図 2** のヒストグラムに表せ。また，下のア～エは，2 つのヒストグラムを比較して述べたものである。この中で正しいものを 1 つ選び記号で答えよ。

ア　最頻値(モード)を含む階級はどちらも同じ階級である。

イ　6 回以上シュートが成功した生徒の人数は 2 ゲーム目の方が多い。

ウ　最も度数が少ない階級はどちらも同じ階級である。

エ　2 回以上 4 回未満の階級の相対度数は 1 ゲーム目の方が大きい。

図 1

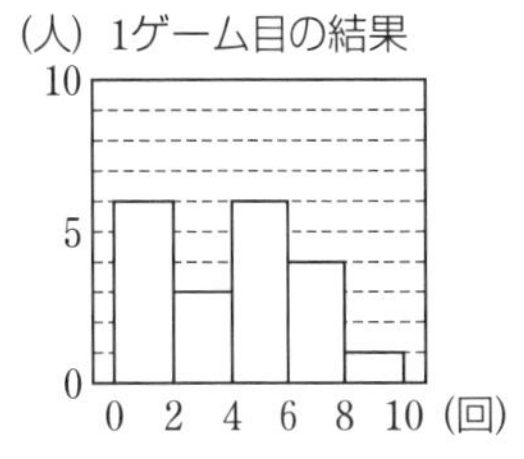

図 2

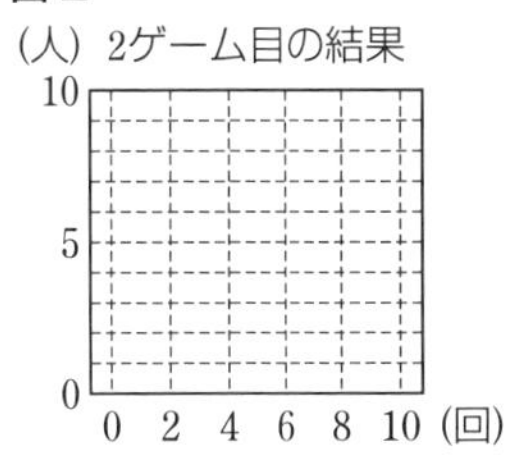

差がつく!! 22%　〔4〕 L さんは，「私は 1 ゲーム目，2 ゲーム目ともに平均値を上回ったので，どちらのゲームも，参加した生徒の中で真ん中より上の順位である」と考えた。この考えは正しいか。また，そのように判断した理由を，根拠となる数値を用いて書け。

〈鹿児島県〉

2

32%　ある池で魚の数を推定するために，100 匹の魚をつかまえて，目印をつけて池に戻した。そして，1 週間後に再び魚を 50 匹つかまえたところ，目印のついた魚が 6 匹含まれていた。この池には，およそ何匹の魚がいると推定できるか。答えは一の位を四捨五入して，十の位までの概数で求めなさい。

〈栃木県〉

【出典の補足】

P.94　例題〔1〕 2019年埼玉県

受験生の50％以下しか解けない
差がつく入試問題［三訂版］
数学
実力チェック問題 解答・解説

文字式の利用

解答 本冊 P. 9

1 (1) $8\sqrt{3}$　(2) -15
2 $a=4b+1$
3 (1) 24枚　(2) $3mn-m-n-1$（個）

解説

1 (1) $x+y=\sqrt{3}+2+\sqrt{3}-2=2\sqrt{3}$
$x-y=\sqrt{3}+2-(\sqrt{3}-2)$
$=\sqrt{3}+2-\sqrt{3}+2=4$
与式$=(x+y)(x-y)=2\sqrt{3}\times4=8\sqrt{3}$
(2) 与式$=a^2-2a^2+ab=-a^2+ab$
$=-(-3)^2+(-3)\times2=-9-6=-15$

2 割られる数＝(割る数)×(商)＋(余り) より，
$a=4\times b+1=4b+1$

3 縦に m 段，横に n 列並べるとき，画びょうは，縦1段に $(m+1)$ 個，横1列に $(n+1)$ 個使う。
(m，n は，$m+1\geqq2$，$n+1\geqq2$ の整数)
(1) $35=5\times7$ より，$(5-1)\times(7-1)=24$（枚）
(2) 重ねずに並べる場合，画びょうは $4mn$ 個使う。
よって，$4mn-(m+1)(n+1)$
$=4mn-(mn+m+n+1)$
$=3mn-m-n-1$（個）少ない。

文字式による説明

解答 本冊 P. 11

1 (1) ア…8，イ…15　(2) ①$1001a+110b$
②$1001a+110b=11(91a+10b)$
$91a+10b$ は自然数だから，
$1001a+110b$ は11の倍数である。
③②より，$X=(1001a+110b)\div11$
$=91a+10b=10(9a+b)+a$
よって，X の一の位の数は a であるから，下線部Ⅱは成り立つ。
次に，X の十の位の数は $9a+b$ の一の位の数，X の一の位の数は a より，Y の一の位の数は，
$(9a+b)+a=10a+b$ の一の位の数に等しい。すなわち b に等しい。これより，下線部Ⅲは成り立つ。

2 (証明) 円錐 A の底面の半径を r，高さを h とする。
円錐 B の底面の半径は $3r$，高さは $\frac{1}{3}h$
より，$W=\frac{1}{3}\pi(3r)^2\times\frac{h}{3}=\pi r^2h$ となる。
$V=\frac{1}{3}\pi r^2h$ なので，$W=3V$ が成り立つ。

解説

1 (1) 思い浮かべた数を N とすると，X の十の位の数はア，一の位の数は7である。
A さんが $N=75$ と言っていて，これはあたっている。よって，作った4けたの数は，
$75\times100+57=7557$ より，
$X=7557\div11=687$ → アは 8
また，$X=687$ より，$Y=8+7=15$
→イは 15

整数問題と平方根

解答 本冊 P. 13

1 (1) $n=10$　(2) $a=4$，7　(3) $n=15$
2 (1) ア…6，イ…21　(2) 70個
(3) $n-m+1$

解説

1 (1) $\sqrt{\frac{45n}{2}}=3\sqrt{\frac{5n}{2}}$ より，$5n=2\times$(自然数)^2
となればよい。このような最小の n は，

$2\times5=10$

(2) $8-a=1^2$ のとき，$a=7$

$8-a=2^2$ のとき，$a=8-4=4$

$a>0$ より，$8-a\geqq3^2$ にはならない。

よって，$a=4,\ 7$

(3) $60\times n=2^2\times3\times5\times n$　よって，$60n$ が自然数の2乗になる最小の n は，$n=3\times5=15$

2 (1) 6段目には6列目から数が6つ並び，11列目で終わる。よって，12列目にはじめて数が記入されるのは，7段目からである。また，12列目に1が記入されるのは12段目であるから，7段～12段の6個のマス目に，1～6の数が記入され，その和は，

$1+2+\cdots+6=21$

(2) 数が記入されているマス目は，1段目から順に，1，2，3，4，5，5，4，3，2，1(個)だから，記入されていないマス目は，

$100-(1+2+3+4+5)\times2=70$ (個)

(3) m 段目は m 列目から1が入る。よって，n 列目には，$n-m+1$ が記入される。

1次方程式の利用

本冊 P. 15

解答

1 (1) 16個　(2) $(3n-2)$ 個　(3) 74本

2 360円

3 方程式　$4x-(x+0.9x+0.7x\times2)=1050$

答え 1500円

4 756

解説

1 (1) 番が1つ増えるごとに正六角形は3個ずつ増えるから，6番目の正六角形の数は

$1+5\times3=16$ (個)

(2) $1+3(n-1)=3n-2$ (個)

(3) (2) より，$3n-2=100,\ n=34$

1番目は8本，番が1つ増えるごとに竹は2本増えるから，必要な竹の数は

$8+2\times(34-1)=74$ (本)

2 本1冊の値段を x 円とする。

$1000-x=8(800-2x)$

$1000-x=6400-16x$

$15x=5400,\ x=360$

3 シャツAの定価を x 円とする。

1着目は x 円，2着目は $0.9x$ 円，3着目と4着目は $0.7x$ 円だから，

$4x-(x+0.9x+0.7x\times2)=1050$

$4x-3.3x=1050,\ 0.7x=1050,\ x=1500$

4 はじめの自然数の十の位の数を n とすると，

一の位の数は，$18-\{(n+2)+n\}=16-2n$

はじめの自然数は

$100(n+2)+10n+(16-2n)=108n+216$

百の位の数字と一の位の数字を入れかえた自然数は $100(16-2n)+10n+(n+2)=1602-189n$

よって，$1602-189n=108n+216-99$ より，

$297n=1485,\ n=5$

したがって，はじめの自然数は　756

連立方程式の利用(割合)

本冊 P. 17

解答

1 (1) ①$x+y$　②$0.8x+1.1y$

(2) 男子24人，女子44人

2 ア…$x+y$　イ…$0.8x-0.6y$　ウ…65

エ…75

3 おとな…180人，子ども…70人

求める過程は，解説参照

解説

1 (1) 先月の男子の参加人数を x 人，女子の参加人数を y 人とすると，今月の男子は $0.8x$ 人，女子は $1.1y$ 人より，

$$\begin{cases} x+y=70 & \cdots\cdots① \\ 0.8x+1.1y=68 & \cdots\cdots② \end{cases}$$

(2) ②より，$8x+11y=680$

①より，$8x+8y=560$

これを解いて，$x=30,\ y=40$

今月の男子は，$30\times0.8=24$ (人)

女子は，$40\times1.1=44$ (人)

2 男子を x 人，女子を y 人とすると，

$x+y=140$ ……①

運動部に所属している男子は $0.8x$ 人

運動部に所属している女子は $0.6y$ 人

よって，$0.8x-0.6y=7$ ……②

②の両辺に 5 をかけて，$4x-3y=35$ ……③

①と③より，$x=65$，$y=75$

3 昨日のおとなの入場者数を x 人，子どもの入場者数を y 人とする。

割引券を利用すると，入場料は，

おとな 1 人…$300\times(1-0.3)=210$ (円)

子ども 1 人…$200\div2=100$ (円)

入場料の合計は，

$300\times0.5x+210\times0.5x+200\times0.3y$

$+100\times0.7y=55000$

$255x+130y=55000$

両辺を 5 でわって，$51x+26y=11000$

よって，$\begin{cases} x+y=250 \\ 51x+26y=11000 \end{cases}$ を解いて，

$x=180$，$y=70$

連立方程式の利用(いろいろな問題)

解答　本冊 P. 19

1 方程式 $\begin{cases} 4x+6y=210 \\ y=2x+3 \end{cases}$

答え $\begin{cases} \text{4 個入れた袋…12 袋} \\ \text{6 個入れた袋…27 袋} \end{cases}$

2 方程式 $\begin{cases} 10y+x=2(10x+y)-1 \\ y+2=3x \end{cases}$

答え 37

3 A 組が成功させたシュート…24 本

A 組の得点…50 点

求める過程は，解説参照

解説

1 4 個入れた袋を x 袋，6 個入れた袋を y 袋とすると，みかんは合計 210 個より，

$4x+6y=210$ …①

$y=2x+3$ …②

①より，$2x+3y=105$

これと②を解いて，$x=12$，$y=27$

2 もとの整数の十の位の数を x，一の位の数を y とおくと，もとの整数は $10x+y$，位の数字を入れかえた整数は $10y+x$ より，

$10y+x=2(10x+y)-1$ …①

また，$y+2$ を 3 で割ると割り切れて商が x になることから，$y+2=3x$ …②

①より，$19x-8y=1$ …③

②と③より，$x=3$，$y=7$

よって，もとの整数は，37

3 A 組は x 本成功させ，得点は y 点とする。

A 組の 3 点シュートは 2 本，2 点シュートは $x-2$ (本) より，$y=3\times2+2(x-2)$ …①

B 組が成功したシュートは，$x-9$ (本)，

3 点シュートは $\frac{1}{5}(x-9)$ 本 2 点シュートは

$\frac{4}{5}(x-9)$ 本 より，B 組の得点から，

$3\times\frac{1}{5}(x-9)+2\times\frac{4}{5}(x-9)=y-17$ …②

①より，$y=2x+2$ …③

②より，$11x-5y=14$ …④

③，④を連立させて解いて，$x=24$，$y=50$

2 次方程式と図形

解答　本冊 P. 21

1 (1) 96 m²

(2) ア…$14-x$　イ…24

ウ，エ…$x-6$，$x-8$ (ウ，エは順不同)

オ…4　カ…$14-2x$　キ…2

(3) 6 m

2 $40\sqrt{2}$ cm²

解説

1 (1) $14^2-100=96$ (m²)

(2) 三角形の直角をはさむもう 1 つの辺は $14-x$ (m) より，

面積は，$\frac{1}{2}x\underline{(14-x)}$ m² …①

①の 4 つ分の面積が 96 m² より，

1 つ分は 24 m²

よって，$\frac{1}{2}x\underline{(14-x)}=\underline{24}$

整理して，$x^2-14x+48=0$

因数分解すると，$\underline{(x-6)(x-8)}=0$

よし子さんの考えでは，まん中の白い正方

形の面積は，

$14^2-96\times2=\underline{4}\,(\mathrm{m}^2)$

よって，白い正方形の1辺の長さは，2 m

また，この長さは，$14-2x$ でもあるから，

$\underline{14-2x}=\underline{2}$

(3) よし子さんの式から，$x=6$

2 ウの1辺の長さを x cm とすると，イの1辺の長さは $x+2$ (cm)，アの1辺の長さは $x+4$ (cm)

$(x+2)^2=50$，$x+2>0$ より，$x=-2+5\sqrt{2}$

アとウの面積の差は，

$(x+4)^2-x^2=8x+16=8(-2+5\sqrt{2})+16$

$=40\sqrt{2}\ (\mathrm{cm}^2)$

2次方程式の利用

解答 本冊 P. 23

1 $a=-30$，$b=2$　途中の計算は解説参照

2 (1) 36枚　(2) $n=13$

3 96

解説

1 $x=-3$ が解だから，2次方程式に代入すると，

$(-3)^2-7\times(-3)+a=0$ より，$a=-30$

よって，2次方程式は，$x^2-7x-30=0$

$(x+3)(x-10)=0$ より，もう1つの解は，

$x=10$　これと a の値を1次方程式に代入して，

$2\times10+(-30)+5b=0$，$5b=10$，$b=2$

2 **(1)** タイルを1つ取り除いた1辺が n cm の正方形には，共通な辺が縦，横とも，$n(n-1)-2$ (本) あるから，全部で，$2n(n-1)-4$ (本) あり，シールの数はこれに等しい。よって，$n=5$ を代入して，$2\times5\times4-4=36$ (枚)

(2) $2n(n-1)-4=308$ より，$n^2-n-156=0$，

$(n-13)(n+12)=0$　$n>0$ より，$n=13$

3 もとの自然数の十の位の数を a とすると，一の位の数は $a-3$ より，$a^2=10a+(a-3)-15$，

$a^2-11a+18=0$，$(a-2)(a-9)=0$

一の位の数は0以上なので，$a-3\geqq0$

よって，$a=9$，一の位の数は6

よって，求める自然数は，96

比例・反比例

解答 本冊 P. 25

1 (1) $y=\dfrac{4000}{x}$　(2) 6分40秒

2 (1) $y=\dfrac{4}{x}$　(2) 右の図

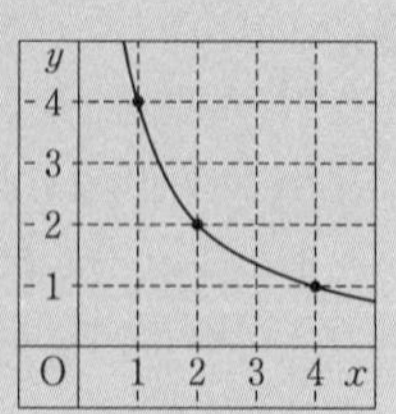

3 ③

4 $\mathrm{B}\left(\dfrac{9}{2},\ 4\right)$

解説

1 **(1)** y は x に反比例するから $y=\dfrac{a}{x}$ とおくと，

$8=\dfrac{a}{500}$ より，$a=4000$，$y=\dfrac{4000}{x}$

(2) $x=600$ より，$y=\dfrac{4000}{600}=\dfrac{400}{60}=6+\dfrac{40}{60}$

よって，6分40秒かかる。

2 **(1)** 直方体の体積＝(底面積)×(高さ) より，

$20=x\times y\times5$，$xy=4$，$y=\dfrac{4}{x}$

(2) グラフは点 $(1,\ 4)$，$(2,\ 2)$，$(4,\ 1)$ を通る双曲線である。

3 y は x に反比例するから，x と y の関係は，

$y=\dfrac{a}{x}$，$xy=a=$一定 である。

① $y=60x$　×

② $y=10-4x$　×

③ $xy=10=$一定　○

④ $2(x+y)=8$，$x+y=4$　×

4 点Bの座標を $\left(b,\ \dfrac{18}{b}\right)$ とおくと，$\mathrm{CD}=b-2$，

$\mathrm{BD}=\dfrac{18}{b}$ より，$\dfrac{18}{b}(b-2)=10$

両辺に b をかけ，2でわると，

$9(b-2)=5b$，$4b=18$

よって，$b=\dfrac{9}{2}$　y 座標は，$18\div\dfrac{9}{2}=4$

1次関数とグラフ

解答 本冊 P. 27

1 (1) $(-6,\ 0)$　(2) $y=-x+5$　(3) ウ，オ

2 $\left(\dfrac{5}{3},\ \dfrac{10}{3}\right)$

3 (1) $y=\dfrac{1}{2}x-1$　(2) 3個　(3) $a=\dfrac{8}{5}$

解説

1 (1) 切片が3より，$y=ax+3$ とおいて，$x=4$，$y=5$ を代入すると，$5=4a+3$，$a=\dfrac{1}{2}$

x 軸との交点の x 座標は，$y=\dfrac{1}{2}x+3$ に $y=0$ を代入して，$x=-6$

よって，$(-6,\ 0)$

(2) 直線 $y=3x+1$ との交点は $(1,\ 4)$ より，求める式を $y=ax+b$ とおいて，$(1,\ 4)$，$(5,\ 0)$ を代入すると，$\begin{cases}4=a+b\\0=5a+b\end{cases}$

これを解いて，$a=-1$，$b=5$

(3) ア…比例の式は　$y=ax$　×

イ…反比例の式は　$y=\dfrac{a}{x}$　×

ウ…変化の割合は3で一定である。　○

エ…変化の割合が正より，x の値が増加すると，y の値も増加する。　×

オ…決めた x の値を代入すると，y の値はただ一つに決まる。　○

2 点Aの座標は $(5,\ 0)$，点Bの座標は $(0,\ 5)$，点Mの座標は $\left(0,\ \dfrac{5}{2}\right)$ より，直線AMの式を求めると，

$y=-\dfrac{1}{2}x+\dfrac{5}{2}$

x 軸の負の部分に ON＝OM となる点Nをとり，△BNOを点Oを中心に右回りに90°回転すると，△AMOに重なる。よって，OP⊥AMより，OP∥NBであるから，

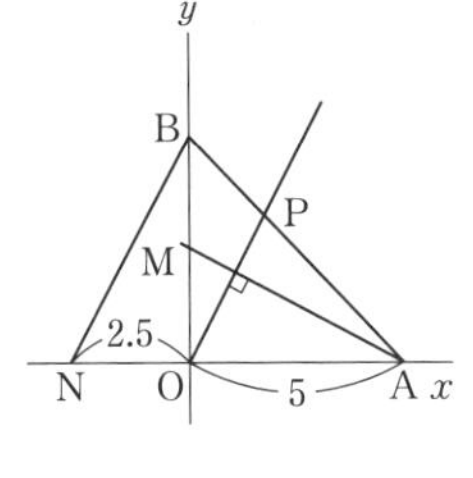

OPの傾き＝NBの傾き$=\dfrac{5}{2.5}=2$

したがって，直線OPの式は，$y=2x$

点Pは $y=2x$ と $y=-x+5$ の交点だから，

$2x=-x+5$ より，$x=\dfrac{5}{3}$，$y=\dfrac{10}{3}$ → $P\left(\dfrac{5}{3},\ \dfrac{10}{3}\right)$

3 (1) 点Bの座標は $(2,\ 0)$ より，直線ABの式は，切片が -1，傾きが $\dfrac{0-(-1)}{2-0}=\dfrac{1}{2}$

(2) $x<0$ のとき，$y=\dfrac{6}{x}$ のグラフで x 座標，y 座標がともに整数である点Cの座標は，$(-1,\ -6)$，$(-2,\ -3)$，$(-3,\ -2)$，$(-6,\ -1)$ であるが，$C(-6,\ -1)$ のとき，直線CAは x 軸と平行になり，題意に適さない。よって，3個。

(3) AB：BD＝2：3 より，点Dの y 座標は $1\times\dfrac{3}{2}=\dfrac{3}{2}$

AB：AD＝2：5 より，点Dの x 座標は $a\times\dfrac{5}{2}=\dfrac{5}{2}a$，

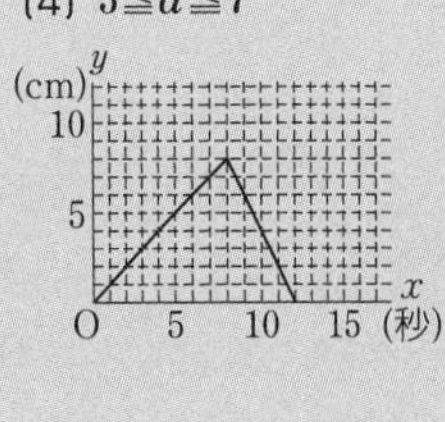

よって，点Dは $y=\dfrac{6}{x}$ のグラフ上の点であるから，$xy=6$ より，

$\dfrac{5}{2}a\times\dfrac{3}{2}=6$，$a=\dfrac{8}{5}$

1次関数の利用(速さと時間)

解答　本冊 P. 29

1 (1) 60分　(2) $y=-\dfrac{1}{10}x+\dfrac{23}{2}$

(3) 午前10時35分　(4) $5\leqq a\leqq 7$

2 (1) 6 cm

(2) 右の図

(3) ① $\dfrac{31}{3}$ 秒後

(計算は解説参照)

② $\dfrac{5}{3}$ 秒間

解説

1 (1) グラフの x 軸と平行な部分の時間の和である。$(75-30)+(100-85)=60$ (分)

(2) 2点 $(75,\ 4)$，$(85,\ 3)$ を通る直線の式を求める。$y=ax+b$ とおいて，$x=75$，$y=4$ と $x=85$，$y=3$ をそれぞれ代入すると，

$\begin{cases}4=75a+b\\3=85a+b\end{cases}$ より，$a=-\dfrac{1}{10}$，$b=\dfrac{23}{2}$

(3) 弟と由美さんが出会ったとき，$x=85$，
$y=3$ だから，そこまで弟は，
$\frac{3}{9}=\frac{20}{60}$ (時間)より，20分 かかっている。
$85-20=65$ (分) より，
9 時30分＋65分＝10時35分 に家を出た。

(4) グラフより，由美さんは，花屋を出てから
30 分で家に帰っているから，時速は
$\frac{3}{0.5}=6$ (km) より，橋まで $\frac{1}{6}$ 時間＝10分
かかる。また，橋を渡り切るまで
$\frac{1.4}{6}$ 時間＝14分 かかる。
一方，姉は，橋まで $\frac{1}{12}$ 時間＝5 分，橋を
渡り切るまで $\frac{1.4}{12}$ 時間＝7 分 かかるから，
$10-5 \leqq a \leqq 14-7$　すなわち，$5 \leqq a \leqq 7$

2 **(1)** Q は 5 cm 進むから，$AQ=1+5=6$(cm)

(2) 点 Q は 8 秒で点 B に到達する。このとき，
$y=9-1=8$(cm)　また，点 P は，
$8 \div 2=4$ (秒) で点 A に到達する。このとき，
$x=8+4=12$，$y=0$ より，グラフは (0，0)，
(8，8)，(12，0) を結ぶ折れ線になる。

(3) ① t 秒後に，2 回目に出会うとすると，右の図で，
$AR'=1 \times t-(9-3)$
$=t-6$ (cm)
$BQ'=2\{t-(9-1)\}$
$=2t-16$ (cm)
$AR'+BQ'=9$ (cm) より，
$(t-6)+(2t-16)=9$，$3t=31$，$t=\frac{31}{3}$

② 1 回目のとき，PQ のすべてが RS と重なりはじめたとき，右の図のようになり，Q，S は向かい合って毎秒 1 cm ずつ進むから，Q が S に重なるまでの $\left(\frac{3-1}{1+1}=\right)1$ (秒間)
2 回目は右の図のときから P は毎秒 2 cm 進むから，
$\frac{3-1}{1+2}=\frac{2}{3}$ (秒間)
よって，$1+\frac{2}{3}=\frac{5}{3}$ (秒間)

1 次関数のグラフの利用

解答　本冊 P. 31

1 (1) ① $y=2x^2$　② $y=4x$　(2) $x=\frac{16}{7}$
(3) $80\ \text{cm}^2$

2 (1) 21　(2) $\frac{3}{4}x+6$　(3) 20

解説

1 **(1)** ①点 P は辺 AB 上，点 Q は辺 AE 上にあり，
$AP=4x$ cm，$AQ=x$ cm だから，
$y=\frac{1}{2} \times 4x \times x=2x^2$
②点 P は辺 BC 上，点 Q は辺 AE 上にあるから，$y=\frac{1}{2} \times x \times 8=4x$

(2) $0 \leqq x \leqq 2$ では，$PQ>PA$ だから，
$2<x \leqq 10$ のときである。このとき，
△PAQ は二等辺三角形で，
$AQ=2PB$ より，
$x=2(4x-8)$，$x=\frac{16}{7}$

(3) グラフから，$10 \leqq x \leqq 14$ のとき，△APQ の面積は一定だから，ED // AC，
ED＝4 cm とわかる。
△ABC で三平方の定理より，
$AC=\sqrt{8^2+6^2}=10$ (cm)
△ACE＝40 より，E から AC へひいた垂線を EH とすると，
$\frac{1}{2} \times 10 \times EH=40$
EH＝8 cm より，

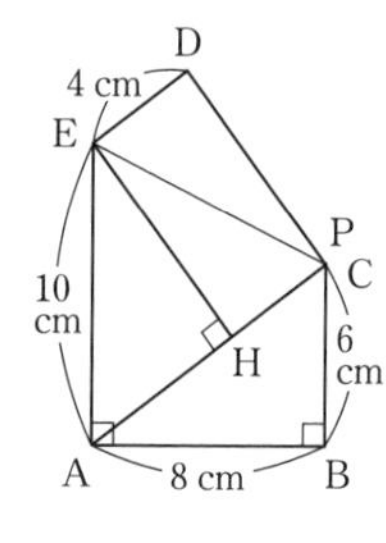

五角形 ABCDE＝△ABC＋台形 ACDE
$=\frac{1}{2} \times 8 \times 6+\frac{1}{2} \times (4+10) \times 8=80$ (cm^2)

2 **(1)** 水面の高さは，8 分間で $(24-12=)12$ cm 増えているから，
6 分間では $12 \times \frac{6}{8}=9$ (cm) 増える。
よって，$12+9=21$ (cm)

(2) 式を $y=ax+b$ とおいて，(24，24)，
(40，36) を代入すると，$\begin{cases}24=24a+b \\ 36=40a+b\end{cases}$

これを解いて，$a=\frac{3}{4}$，$b=6$

(3) 底面Bでは，Aと同じく，毎分 $\frac{12}{8}=\frac{3}{2}$ (cm) 増える。底面Cでは，毎分 $\frac{540}{600}=\frac{9}{10}$ (cm) 増える。

よって，求める時間を t 分後とすると，

$\frac{3}{2}(t-8)=\frac{9}{10}t$ より，$t=20$

$y=ax^2$ の基本

解答 本冊 P. 33

1 (1) 4 (2) $a=-4$，$b=0$ (3) $\frac{2}{3}$

2 $a=\frac{2}{3}$

3 $-\frac{7}{3}$

解説

1 (1) $x=3$ のとき $y=3$，$x=9$ のとき $y=27$ より，変化の割合$=\frac{27-3}{9-3}=4$

(2) x の変域に0がふくまれ，下に開くグラフなので，y の最大値は，$b=0$

最小値は，$a=-(-2)^2=-4$

(3) $y=4x+1$ の変化の割合は4だから，

$\frac{a\times5^2-a\times1^2}{5-1}=4$，$24a=16$，$a=\frac{2}{3}$

2 A，B，Cの座標は，A$(2,\ 4a)$，B$\left(2,\ -\frac{4}{3}\right)$，C$\left(-2,\ -\frac{4}{3}\right)$ AB=BC より，

$4a-\left(-\frac{4}{3}\right)=4$，$4a=\frac{8}{3}$，$a=\frac{2}{3}$

3 点Aの座標を $(a,\ a^2)$ とおくと，B$(a+6,\ a^2+8)$

この値を $y=x^2$ に代入して，$a^2+8=(a+6)^2$

$12a=-28$，$a=-\frac{7}{3}$

放物線と直線

解答 本冊 P. 35

1 (1) C$\left(-2,\ \frac{4}{3}\right)$ (2) 2 (3) $t=3$

2 (1) $y=2x$ (2) $a=\frac{1}{5}$

3 $b=\frac{9}{2}$

解説

1 (1) 点Cは点Aと y 軸に関して対称である。

点Aは関数 $y=\frac{1}{3}x^2$ 上にあるから，y 座標は $\frac{1}{3}\times2^2=\frac{4}{3}$ より，点Cの座標は $\left(-2,\ \frac{4}{3}\right)$

(2) 点Bは関数 $y=x^2$ のグラフ上にあるから，点Bの座標は $(6,\ 36)$，点Cの y 座標は

$\frac{1}{3}\times(-6)^2=12$

2点B，Cを通る直線の傾きは

$\frac{36-12}{6-(-6)}=2$

(3) AB=AC より，$t^2-\frac{1}{3}t^2=2t$ を解いて

$t=3$

2 (1) 直線 ℓ の式を $y=kx$ とおくと，点Bを通るから，$4=2k$，$k=2$ より，$y=2x$

(2) 直線 m の式を $y=px+q$ とおくと，点A，Bを通るから，$\begin{cases}0=5p+q\\4=2p+q\end{cases}$

これを解いて，

$p=-\frac{4}{3}$ $q=\frac{20}{3}$ より，

$y=-\frac{4}{3}x+\frac{20}{3}$

点Cの座標を $(c,\ 2c)$ とおくと，点Dは直線 m 上にあり，座標は $(-c,\ 2c)$ だから，

$2c=-\frac{4}{3}\times(-c)+\frac{20}{3}$ より，$c=10$

点D$(-10,\ 20)$ は $y=ax^2$ のグラフ上にあるから，$20=a\times(-10)^2$，$a=\frac{1}{5}$

3 直線RQの傾きは -2 より，

$OQ=\frac{1}{2}OR=\frac{1}{2}b$

また，PQ：RQ=1：3

よって，点Pの x 座標は

$\frac{1}{2}b\times\frac{2}{3}=\frac{1}{3}b$，$y$ 座標は $b\times\frac{1}{3}=\frac{1}{3}b$

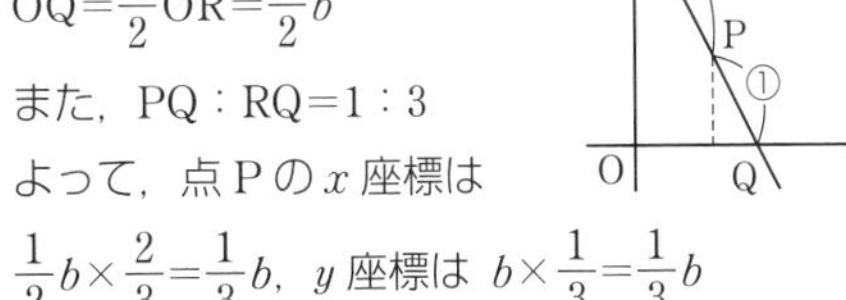

点Pは $y=\frac{2}{3}x^2$ 上にあるから，$\frac{1}{3}b=\frac{2}{3}\times\left(\frac{1}{3}b\right)^2$

$b=\frac{2}{9}b^2$　$b\neq0$ だから，$b=\frac{9}{2}$

放物線と図形

本冊 P. 37

解答

1 (1) 8　(2) 12　(3) -3，3

2 (1) $5\leqq b\leqq9$

(2) ① $y=-\frac{4}{3}x+1$　② $\frac{1}{6}$

解説

1 **(1)** $y=\frac{1}{2}\times(-4)^2=8$

(2) 2点 A$(-4,\ 8)$，B$(2,\ 2)$ を通る直線の式を求めると，$y=-x+4$ だから，C$(0,\ 4)$ とすると，$\triangle OAB=\triangle OAC+\triangle OBC$

$=\frac{1}{2}\times4\times4+\frac{1}{2}\times4\times2=12$

(3) ①と②とは x 軸について対称だから，

PQ=9 より，点Pの y 座標は $\frac{9}{2}$

$\frac{9}{2}=\frac{1}{2}x^2$ を解いて，$x=\pm3$

2 **(1)** PQの最小値は，$x=-4$ のときで，

$PQ=9-\frac{1}{4}\times(-4)^2=5$，最大値は，$x=0$ のときで，PQ=9

(2) ①切片が1，傾きが $\frac{1-9}{0-(-6)}=-\frac{4}{3}$ になる。

②PQ=AQ より，直線APは傾き -1 だから，$y=-x+3$

よって，R$(0,\ 3)$

点Pの座標は，$\begin{cases} y=-x+3 \\ y=\frac{1}{4}x^2 \end{cases}$ を解いて，

$x>0$ より，P$(2,\ 1)$

直線ABと y 軸の交点をCとすると，

$\frac{\triangle RPQ}{\triangle PBA}=\frac{PQ\times CQ}{PQ\times AB}=\frac{2}{12}=\frac{1}{6}$

$y=ax^2$ の利用

本冊 P. 39

解答

1 (1) 8 cm^2

(2)① $y=\frac{1}{2}x^2$

② $y=-3x+36$

③ 右の図

④ (ア) 10 cm

(イ) $x=\frac{33}{4}$

2 (1) $a=\frac{1}{4}$

(2) 6分間　(3) $\frac{25}{4}$ cm

解説

1 **(1)** AP=AQ=4 cm より，$y=\frac{1}{2}\times4^2=8$ (cm^2)

(2)① AP=AQ=x cm より，$y=\frac{1}{2}x^2$

② AQ=6 cm，AP=$12-x$ (cm) より，

$y=\frac{1}{2}\times6\times(12-x)=-3x+36$

③ ②のグラフは，点$(6,\ 18)$，$(12,\ 0)$ を通る。

④(ア) $x=0$ のとき，PB=6 cm だから，

$\frac{1}{2}\times6\times BC=30$，BC=10 (cm)

(イ) △PBCのグラフの式 $y=5x-30$ と②の式より，$x=\frac{33}{4}$

2 **(1)** $x=6$ のとき，$y=9$ より，$9=36a$，$a=\frac{1}{4}$

(2) $y=1$ のとき，$1=\frac{1}{4}x^2$，$x>0$ より，$x=2$

$y=16$ のとき，$16=\frac{1}{4}x^2$，$x>0$ より，

$x=8$　よって，$8-2=6$ (分間)

(3) はじめの水の高さを h cm，これがすべてなくなるのに t 分かかるとすると，

$h=\frac{1}{4}t^2$，$h-4=\frac{1}{4}(t-2)^2$ が成り立つ。

よって，$\frac{1}{4}t^2-4=\frac{1}{4}(t^2-4t+4)$

これを解いて，$t=5$ より，$h=\frac{25}{4}$ (cm)

多角形と角

解答 本冊 P. 41

1 85 度

2 $(20+a)$ 度

3 26 度

4 117 度

解説

1 $\angle ABP=\angle PBC=20^\circ$

$\angle ACP=\angle PCB=15^\circ$

$\angle CPQ=60^\circ$ より，△PBC の内角の和から，

$\angle BPQ=180^\circ-(20^\circ+15^\circ+60^\circ)=85^\circ$

2 $\angle ARQ=\angle ABR+\angle BAR$

$=(60^\circ-40^\circ)+a^\circ=20^\circ+a^\circ$

3 右の図のように点 F，G，H をとる。正五角形の 1 つの内角の大きさは，

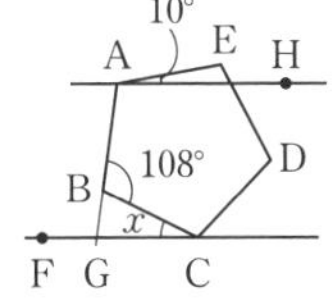

$\dfrac{180^\circ\times3}{5}=108^\circ$

平行線の錯角は等しいから，

$\angle AGF=\angle HAG=108^\circ-10^\circ=98^\circ$

$\angle AGC=180^\circ-98^\circ=82^\circ$

よって，$\angle x=108^\circ-82^\circ=26^\circ$

4 $\angle CDE=a^\circ$，$\angle DCE=b^\circ$ とおくと，

$\angle ADC=3a^\circ$，$\angle BCD=3b^\circ$ だから，四角形の内角の和から，$100^\circ+71^\circ+3a^\circ+3b^\circ=360^\circ$，

$a^\circ+b^\circ=63^\circ$　△CED の内角の和から，

$\angle CED=180^\circ-(a^\circ+b^\circ)=117^\circ$

平面図形の性質の利用

解答 本冊 P. 43

1 BF，DF，DG のうち 2 つ

2 1.2 cm

3 (証明) AD は ∠CAB の二等分線だから，

∠CAE=∠EAF …①

AF=EF より，△FAE は二等辺三角形だから，∠EAF=∠AEF …②

①，②より，∠CAE=∠AEF

錯角が等しいから，AC∥FE である。

4 (証明) △ABC において，中点連結定理より，

$PQ /\!/ AC,\ PQ=\dfrac{1}{2}AC$ …①

△ACD において，中点連結定理より，

$SR /\!/ AC,\ SR=\dfrac{1}{2}AC$ …②

①，②より，PQ∥SR，PQ=SR …③

③より，1 組の対辺が平行で，長さが等しいから，四角形 PQRS は平行四辺形である。

解説

1 四角形は長方形だから，AD∥BC

よって，錯角は等しいから，∠DFG=∠FGB

折り返した図形なので，∠DFG=∠BFG

よって，∠FGB=∠BFG より，△BFG は二等辺三角形だから，BF=BG

また，DF=BF

一方，BE=DC，EG=CG，∠BEG=∠DCG より，

△BEG≡△DCG

よって，BG=DG

2 AD の延長と BF の延長の交点を G，AE の延長と BC の延長の交点を H とする。

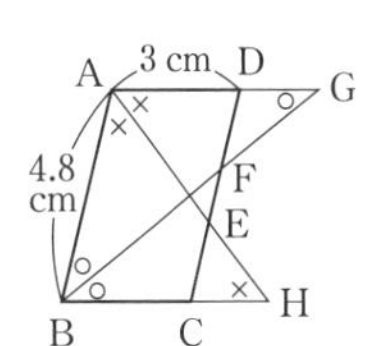

四角形 ABCD は平行四辺形だから，AG∥BH より，錯角は等しい。また，AH は ∠A の二等分線だから，

∠BAH=∠HAG=∠AHB

よって，△ABH は 2 角が等しいから，

BH=AB=4.8 cm

同様にして，△BAG において，

AG=AB=4.8 cm

また，AB∥DC より，∠DFG=∠ABG

よって，△DFG は 2 角が等しいから，

DF=DG=4.8−3=1.8 (cm)

同様にして，EC=CH=1.8 cm

したがって，EF=4.8−(1.8+1.8)=1.2 (cm)

平行線と線分の比

本冊 P. 45

解答

1 $\frac{9}{2}$ cm

2 (1) 3：2　(2) $\frac{27}{16}$ cm

3 $\frac{8}{3}$ cm

4 $\frac{10}{3}$ cm

解説

1 BA＝AD，BE＝EF より，中点連結定理から，AE∥DF

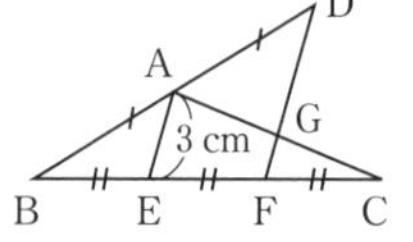

DF＝2AE＝6 cm

また，EF＝FC より，

GF＝$\frac{1}{2}$AE＝$\frac{3}{2}$ cm

よって，DG＝DF－GF＝$6-\frac{3}{2}=\frac{9}{2}$ (cm)

2 四角形 ABCD は平行四辺形より，AD∥BC，BC＝6 cm

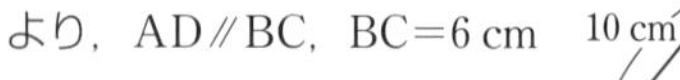

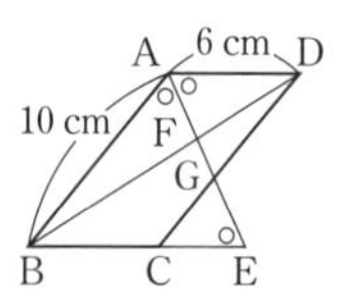

(1) ∠BAE＝∠EAD (仮定)

∠AEB＝∠EAD (錯角)

より，∠BAE＝∠AEB

よって，BE＝BA＝10 cm

CE＝BE－BC＝4 (cm)

ゆえに，AG：GE＝AD：CE＝6：4＝3：2

(2) (1)より，AE＝$\frac{3+2}{2}$GE＝$\frac{15}{2}$ (cm)

また，AF：FE＝AD：BE＝6：10＝3：5

AF＝$\frac{3}{3+5}$AE＝$\frac{3}{8}\times\frac{15}{2}=\frac{45}{16}$ (cm)

FG＝AE－AF－GE＝$\frac{15}{2}-\frac{45}{16}-3$

＝$\frac{27}{16}$ (cm)

3 点 A を通って q に平行な直線をひき，m，n との交点を，それぞれ G，H とすると，

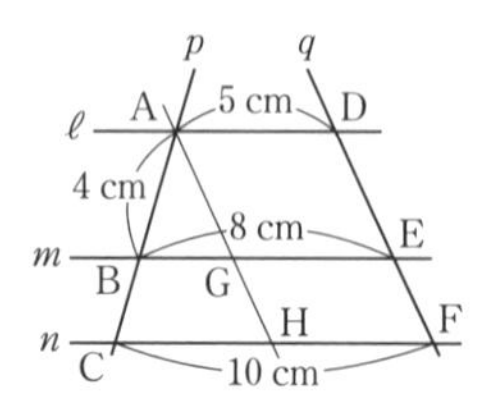

BG＝8－5＝3 (cm)

CH＝10－5＝5 (cm)

m∥n より，AB：AC＝BG：CH＝3：5

AC＝$4\times\frac{5}{3}=\frac{20}{3}$ (cm)，BC＝$\frac{20}{3}-4=\frac{8}{3}$ (cm)

4 四角形 ABCD は平行四辺形だから，AB∥GC より，AB：GD＝AE：ED＝2：1

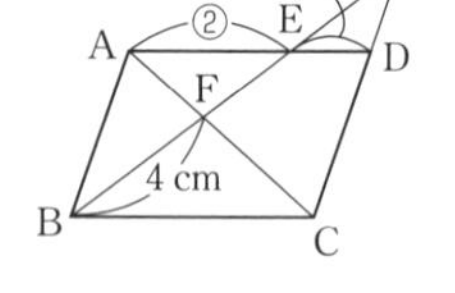

AB＝DC より，

AB：GC＝2：3

よって，

BF：FG＝AB：GC より，

4：FG＝2：3，FG＝6 cm

GB＝GF＋FB＝6＋4＝10 (cm)

GE：GB＝ED：BC＝1：3 より，

GE＝$\frac{GB}{3}=\frac{10}{3}$ (cm)

合同の証明

本冊 P. 47

解答

1 △ABD と △ACE で，

仮定より，AB＝AC …①　AD＝AE …②

∠BAC＝∠DAE＝90° …③

③より，∠BAD＝90°＋∠CAD …④

∠CAE＝90°＋∠CAD …⑤

④，⑤より，∠BAD＝∠CAE …⑥

①，②，⑥より，2 組の辺とその間の角がそれぞれ等しいから，△ABD≡△ACE

2 △ADF と △CDF で，

正方形の辺だから，AD＝CD …①

共通の辺だから，DF＝DF …②

BD は正方形の対角線だから，

∠ADF＝∠CDF＝45° …③

①，②，③より，2 組の辺とその間の角がそれぞれ等しいから，△ADF≡△CDF

3 △ABI と △GFH で，

仮定より，∠AIB＝∠GHF＝90° …①

四角形 ABCD と四角形 EBFG は合同な長方形だから，AB＝GF …②

∠BAF＝∠BFG＝90° …③

③より，∠ABI＝90°－∠AFB …④

∠GFH＝90°－∠AFB …⑤

④，⑤より，∠ABI＝∠GFH …⑥

①，②，⑥より，直角三角形の斜辺と 1 つの鋭角がそれぞれ等しいから，

△ABI≡△GFH

4 △CDF と△EBF で，
仮定より，∠DCF＝∠BEF＝90° …①
∠CDF＝∠EBF＝60° …②
仮定より，△ABC≡△ADE
よって，CD＝AD－AC＝AB－AE
＝EB …③
①，②，③より，1 組の辺とその両端の角がそれぞれ等しいから，△CDF≡△EBF

合同の利用

解答

本冊 P. 49

1 40 度

2 (1) △ABE と△BCF で，
正方形の辺だから，AB＝BC
仮定より，BE＝CF
正方形の角だから，∠ABE＝∠BCF
よって，2 組の辺とその間の角がそれぞれ等しいから，△ABE≡△BCF

(2) (1)より，∠BAE＝∠CBF
また，△ABG の内角の和から，
∠AGB＝180°－(∠BAG＋∠ABG)
＝180°－(∠CBF＋∠ABG)
＝180°－90°
＝90°
よって，AE⊥BF である。

3 FE∥BC より，∠ABC＝∠BAF
△ABC≡△DEF より，∠ABC＝∠DEF
よって，∠BAF＝∠DEF
同位角が等しいから，AB∥ED
すなわち，AG∥HD …①
同様にして，AH∥GD …②
①，②より，2 組の対辺がそれぞれ平行だから，四角形 AGDH は平行四辺形である。

4 △CAE と△BCD で，△ABCは正三角形だから，CA＝BC …①
∠ACE＝∠CBD＝60° …②
△CAE の内角と外角の関係から，
∠CAE＝∠AEB－∠ACE
＝∠AEB－60° …③
△CFE の内角と外角の関係から，
∠ECF＝∠FEB－∠CFE
＝∠FEB－60°
＝∠AEB－60° …④
③，④より，∠CAE＝∠ECF＝∠BCD …⑤
①，②，⑤より，1 組の辺とその両端の角がそれぞれ等しいから，△CAE≡△BCD
よって，AE＝CD

解説

1 DA∥BC より，∠DAB＝∠ABC＝70°
△DBA で，AB＝DB より，
∠ADB＝∠DAB＝70° だから，
∠DBA＝180°－70°×2＝40°
x°＝∠ABC－∠ABE＝∠DBE－∠ABE
＝∠DBA＝40°

相似の証明

解答

本冊 P. 51

1 △ABP と△PCB で，
四角形 ABCD は長方形だから，
∠BAP＝∠CPB＝90°
AD∥BC より，錯角は等しいから，
∠APB＝∠PBC
2 組の角がそれぞれ等しいから，
△ABP∽△PCB

2 (1) ∠EBC，∠EDA，∠ECB，∠EAD のうち 1 つを答える。
(2) △BCF

3 △ABH と△CBG で，長方形の角だから，
∠A＝∠C＝90° …①
折り返しの角だから，
∠ABH＝∠HBF＝∠GBF
＝∠CBG …②
①，②より，2 組の角がそれぞれ等しいから，
△ABH∽△CBG

解説

2 (1) ∠EBC＝∠EBF（折り返した角）
∠EDA＝∠EBC（平行線の錯角）

$\angle$ECB＝$\angle$EBC（長方形の対角線の性質）

$\angle$EAD＝$\angle$ECB（平行線の錯角）

(2) △EBF と△BCF で，

$\angle$EFB＝$\angle$BFC（共通）

(1)より，$\angle$EBF＝$\angle$BCF

よって，2 組の角がそれぞれ等しいから，

△EBF∽△BCF

相似の利用

解答　本冊 P. 53

1 (1) △CGE と△FGD で，

仮定より，$\angle$CEF＝$\angle$DFB＝90°

よって，CE∥DF だから，

$\angle$ECG＝$\angle$DFG（錯角）

$\angle$CGE＝$\angle$FGD（対頂角）

2 組の角がそれぞれ等しいから，

△CGE∽△FGD

(2) 15 cm^2

2 (1) ⓐ イ　ⓑ カ

(2) △ACD で，$\angle$ACD＝90－$\angle$B＝30°

$\angle$ADC＝90°，

$\angle$CAD＝180°－90°－30°＝60°

よって，AD：AC＝1：2

F は AC の中点だから，AF＝AD …⑤

△AED で，$\angle$EAD＝90°－60°＝30°

より，$\angle$ADE＝180°－90°－30°＝60°

よって，ED：AD＝1：2 …⑥

⑤，⑥より，AF：ED＝2：1 …⑦

④と⑦より，AG：GD＝2：1

解説

1 **(2)** **(1)**より，△CGE∽△FGD で，相似比は，

10：6＝5：3

よって，CF：GF＝8：3

$\triangle EFG=\frac{3}{8}\triangle CEF=\frac{3}{8}\times\frac{1}{2}\times 8\times 10$

$=15\,(cm^2)$

円周角の定理

解答　本冊 P. 55

1 75 度

2 $\angle$CDA＝66 度，$\angle$DCE＝58 度

3 7π cm

4 66 度

解説

1 △DAE の内角と外角より，

$\angle$DAE＝55°－40°＝15°

$\overset{\frown}{CD}$ の円周角より，$\angle$DBC＝$\angle$DAC＝15°

AC は直径だから，

$\angle x$＝$\angle$ABC－$\angle$DBC

＝90°－15°＝75°

2 △ABD で，AD は直径だから，$\angle$ABD＝90°

よって，$\angle$ADB＝180°－(90°＋56°)＝34°

$\overset{\frown}{BC}$ の円周角より，$\angle$BDC＝$\angle$BEC＝32°

$\angle$CDA＝$\angle$ADB＋$\angle$BDC＝34°＋32°＝66°

次に，EC∥AB より，$\angle$EBA＝$\angle$CEB＝32°

よって，$\angle$DCE＝$\angle$DBE＝90°－32°＝58°

3 直角三角形の内角より，

$\angle$OAC＝180°－(90°＋34°)＝56°

△OAC は二等辺三角形だから，

$\angle$OCB＝56°－34°＝22°

△OBC は二等辺三角形より，$\angle$OBC＝22°

よって，$\angle$DOC＝2$\angle$DBC

＝2×(41°＋22°)＝126°

したがって，$\overset{\frown}{CD}$ は円周の $\frac{126}{360}=\frac{7}{20}$ だから，

$\overset{\frown}{CD}=2\pi\times 10\times\frac{7}{20}=7\pi\,(cm)$

4 DE は円 O の接線だから，

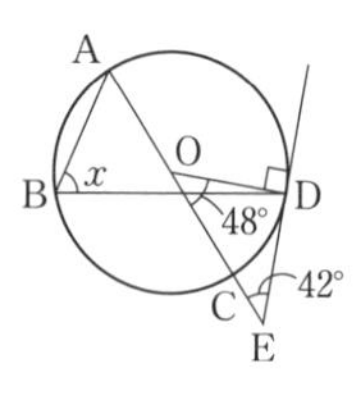

$\angle$ODE＝90° より，

$\angle$DOE＝90°－42°＝48°

よって，

$\angle$AOD＝180°－48°

＝132°

$\overset{\frown}{AD}$ の円周角と中心角より，

$\angle x=\frac{1}{2}\angle AOD=66°$

円周角と相似

本冊 P. 57

解答

1 (1) 27度

(2) △ARPと△BQPで,
∠APR=∠ACB=90°
∠BPQ=180°−90°=90°
よって,∠APR=∠BPQ
$\overset{\frown}{PC}$に対する円周角より,
∠PAR=∠PBQ
2組の角がそれぞれ等しいから,
△ARP∽△BQP

2 (1) △ABCと△BEDで,
$\overset{\frown}{AB}$の円周角より,
∠ACB=∠BDE …①
$\overset{\frown}{BC}$の円周角より,
∠BAC=∠BDC …②
BE∥CDより,錯角は等しいから,
∠BDC=∠EBD …③
②,③より,∠BAC=∠EBD …④
①,④より,2組の角がそれぞれ等しいから,△ABC∽△BED

(2) ① 4 cm ② $\frac{5}{2}$倍

3 (1) 44度

(2) △ABCと△BEDで,
$\overset{\frown}{BE}$に対する円周角より,
∠BCA=∠EDB …①
AB∥CDより,錯角は等しいから,
∠ABC=∠BCD …②
$\overset{\frown}{BD}$に対する円周角より,
∠BCD=∠BED …③
②,③より,∠ABC=∠BED …④
①,④より,2組の角がそれぞれ等しいから,△ABC∽△BED

解説

1 (1) $\overset{\frown}{AB}$の円周角より,∠APB=∠ACB=90°
△ABPの内角の和から,
∠ABP=180°−(90°+63°)=27°
$\overset{\frown}{AP}$の円周角より,∠ACP=∠ABP=27°

2 (2)① (1)より,AB:BE=BC:ED
BC=2ABより,ED=2BE=6(cm)
よって,AD=ED−AE=6−2=4(cm)

② BE∥CDより,
△BED:△BCD=BE:CD=3:5
△BED:△ABD
=ED:AD=6:4
=3:2

よって,$\triangle BCD=\frac{5}{3}\triangle BED$
$=\frac{5}{3}\times\frac{3}{2}\triangle ABD$
$=\frac{5}{2}\triangle ABD$

3 (1) $\overset{\frown}{BD}$の円周角と中心角より,
∠BOD=2∠BCD=92°
△OBDは二等辺三角形だから,
∠ODB=(180°−92°)÷2=44°

三角形,四角形と三平方の定理

本冊 P. 59

解答

1 $5\sqrt{10}$ cm

2 (1) 60度 (2) $8\sqrt{3}$ cm (3) $18\sqrt{3}$ cm^2

3 (1) △APDと△DCAで,
共通な辺より,AD=DA …①
仮定より,AP=AB
平行四辺形の対辺だから,AB=DC
よって,AP=DC …②
AD∥BCより,∠PAD=∠APB …③
AP=ABより,∠ABP=∠APB …④
平行四辺形の対角より,
∠ABP=∠CDA …⑤
③,④,⑤より,∠PAD=∠CDA …⑥
①,②,⑥より,2辺とその間の角がそれぞれ等しいから,△APD≡△DCA

(2) $\frac{9\sqrt{5}}{4}$ cm^2

4 $\frac{25}{11}$ cm

解説

1 AからBCへ垂線AHをひくと,AH=15 cm,
BH=20−15=5(cm) △ABHで,三平方の定

理より，$AB=\sqrt{AH^2+BH^2}=5\sqrt{10}$ (cm)

2 (1) AD∥BC より，錯角は等しいから，
$\angle ACB=\angle DAC=60°$

(2) △ACD は，60° の角をもつ直角三角形だから，$CD=\sqrt{3}\,AD=4\sqrt{3}$ (cm)
△DBC で，三平方の定理より，
$BD=\sqrt{BC^2+CD^2}=\sqrt{144+48}=8\sqrt{3}$ (cm)

(3) $\triangle DBC=\frac{1}{2}\times12\times4\sqrt{3}=24\sqrt{3}$ (cm²)
AD∥BC より，BE：ED＝BC：AD
＝12：4＝3：1
よって，$\triangle EBC=\frac{3}{3+1}\triangle DBC=18\sqrt{3}$ (cm²)

3 (2) 平行四辺形ABCDの高さを AH とする。
△ABP は二等辺三角形だから，
BH＝HP＝2 cm
△ABH で，三平方の定理より，
$AH=\sqrt{3^2-2^2}=\sqrt{5}$ (cm)
$\triangle APD=\frac{1}{2}▱ABCD=\frac{1}{2}\times6\times\sqrt{5}$
$=3\sqrt{5}$ (cm²)
PQ：QD＝(6－4)：6＝1：3 より，
$\triangle AQD=\frac{3}{4}\triangle APD=\frac{9\sqrt{5}}{4}$ (cm²)

4 四角形 ABCD は正方形より，DC＝AB＝8 cm，
DG：GC＝1：3 より，
$GC=8\times\frac{3}{4}=6$ (cm)
E，F はそれぞれ辺 AD，BC の中点だから，
EF∥DC より，中点連結定理から，
$HF=\frac{1}{2}GC=3$ (cm)，EH＝8－3＝5 (cm)
よって，HI：IG＝EH：GC＝5：6
△BCG において，三平方の定理より，
$BG=\sqrt{8^2+6^2}=10$ (cm)
よって，BH＝HG＝5 cm
$HI=\frac{5}{5+6}HG=\frac{5}{11}\times5=\frac{25}{11}$ (cm)

円と三平方の定理

本冊 P. 61

解答

1 (1) 60 度 (2) $\frac{2\sqrt{3}}{3}$ cm
(3) △ABF と △EBA で，
∠ABF＝∠EBA＝90° …①
$\overset{\frown}{AB}$ を 3 等分した点だから，
$\angle CAD=\angle DAB=\frac{1}{2}\angle COD$
$=\frac{1}{2}\times\frac{180°}{3}=30°$
∠CAB＝∠CAD＋∠DAB＝30°＋30°
＝60°
∠AEB＝180°－(90°＋60°)＝30°
＝∠FAB …②
①，②より，2 組の角がそれぞれ等しいから，△ABF∽△EBA
(4) $\frac{2}{3}$ 倍 (5) $\frac{\sqrt{3}}{2}$ cm²

2 (1) △ABC と △GHO で，
AC∥HE より，
∠BAC＝∠HGO（錯角）…①
AB は直径より，∠ACB＝90° …②
また，AC＝CD より，△ACD は直角二等辺三角形だから，∠CAD＝45°
よって，∠AEH＝∠CAD＝45°（錯角）
$\overset{\frown}{AH}$ に対する円周角と中心角より，
∠AOH＝2∠AEH＝90°
よって，∠GOH＝180°－90°＝90° …③
②，③より，∠ACB＝∠GOH …④
①，④より，2 組の角がそれぞれ等しいから，△ABC∽△GHO
(2) (ア) $\sqrt{10}$ (イ) $\frac{\sqrt{10}}{3}$ (ウ) 2 (エ) $\frac{8}{3}$
(オ) $\frac{16}{3}$

解説

1 (1) $\overset{\frown}{AC}=\overset{\frown}{CD}=\overset{\frown}{DB}$ より，
∠BOD＝180°÷3＝60°
(2) EB は円 O の接線だから，∠ABF＝90°
$\angle BAF=\frac{1}{2}\angle BOD=30°$
△ABF は 30° の角をもつ直角三角形だから，

$BF=\frac{1}{\sqrt{3}}AB=\frac{2}{\sqrt{3}}=\frac{2\sqrt{3}}{3}$ (cm)

(4) **(3)**より，△EAB も 60° の角をもつ直角三角形だから，$EB=\sqrt{3}AB=2\sqrt{3}$ cm

$FE:BE=\left(2\sqrt{3}-\frac{2\sqrt{3}}{3}\right):2\sqrt{3}=2:3$

よって，$\frac{\triangle AFE}{\triangle ABE}=\frac{FE}{BE}=\frac{2}{3}$

したがって，$\frac{2}{3}$ 倍

(5) △EAB で，AE=2AB=4 cm

一方，△ACB も 60° の角をもつ直角三角形だから，$AC=\frac{1}{2}AB=1$ cm より，

AC：AE=1：4

よって，$\triangle BCE=\frac{3}{4}\triangle ABE$

$=\frac{3}{4}\times\frac{1}{2}\times2\times2\sqrt{3}$

$=\frac{3\sqrt{3}}{2}$ (cm^2)

(2)，**(4)**より，BF：BE=1：3 だから，

$\triangle BCF=\triangle BCE\times\frac{1}{3}=\frac{\sqrt{3}}{2}$ (cm^2)

2 **(2)**(ア) △ABC で，三平方の定理より，

$AB=\sqrt{AC^2+BC^2}=\sqrt{4+36}=2\sqrt{10}$ (cm)

よって，半径は $\sqrt{10}$ cm

(イ) △ABC∽△GHO より，

CA：OG=BC：HO

$2:OG=6:\sqrt{10}$

$OG=\frac{\sqrt{10}}{3}$ cm

(ウ) $AG:GB=\left(\sqrt{10}+\frac{\sqrt{10}}{3}\right):\left(\sqrt{10}-\frac{\sqrt{10}}{3}\right)$

=4：2=2：1

(エ) △ABC∽△GHO より，

$AB:GH=BC:HO=6:\sqrt{10}$

より，$GH=AB\times\frac{\sqrt{10}}{6}=\frac{10}{3}$ (cm)

また，△AGH∽△EGB (対頂角と $\overset{\frown}{BH}$ の円周角の2組の角がそれぞれ等しい) より，

$AG:EG=GH:GB=\frac{10}{3}:\frac{2\sqrt{10}}{3}$

$=5:\sqrt{10}$

よって，$EG=AG\times\frac{\sqrt{10}}{5}$

$=\frac{4\sqrt{10}}{3}\times\frac{\sqrt{10}}{5}$

$=\frac{8}{3}$ (cm)

(オ) EH∥CA より，

BF：BC=BG：BA=1：3

BC=6 より，BF：6=1：3

BF=2 cm

また，∠GFB=∠ACB=90° より，

$\triangle AEG=\triangle CEG=\frac{1}{2}\times EG\times CF$

$=\frac{1}{2}\times\frac{8}{3}\times(6-2)=\frac{16}{3}$ (cm^2)

作図

解答　本冊 P. 63

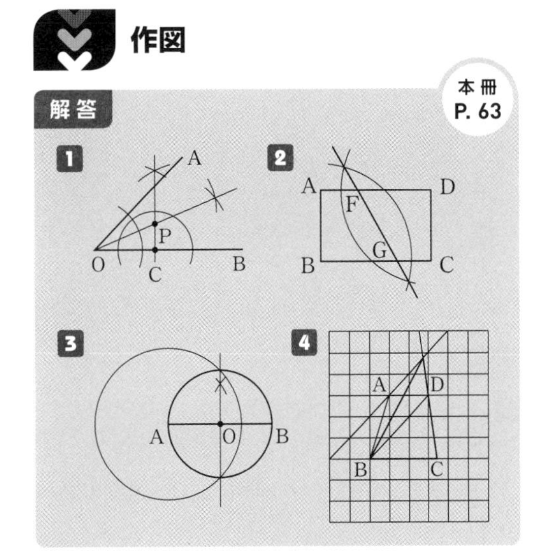

解説

1 OA と円との接点を D とすると，

PD=PC，PD⊥OA，PC⊥OB より，

点 P は∠AOB の二等分線と，点 C における OB の垂線との交点である。

2 四角形 FBEG は，四角形 FDCG を線分 FG で折り返しているから，線分 FG について線対称になっている。よって，線分 FG は，線分 BD の垂直二等分線である。

線分 BD の垂直二等分線のかき方は，

① 頂点 B，頂点 D をそれぞれ中心として，等しい半径の円をかく。

② ①の円の 2 つの交点を結ぶ。

③ ②の直線と，辺 AD，BC との交点をそれぞれ，F，G とする。

3 線分 AB の垂直二等分線と円 O との交点の 1

つをCとする。△CAOは直角二等辺三角形だから，$AO:AC=1:\sqrt{2}$ よって，ACを半径とする円を作図する。

4 Aを通りBDに平行な直線をひき，CDの延長との交点をEとすると，△ABD=△EBD となるから，四角形ABCD=△ABD+△DBC =△EBD+△DBC=△EBC となる。

三平方の定理と体積・表面積

解答 本冊 P. 65

1 $24\ \text{cm}^3$

2 (1) $3\sqrt{3}$ cm

(2) ① $16\sqrt{3}\ \text{cm}^3$ ② $\dfrac{2\sqrt{11}}{3}$ cm

3 (1) 14 cm (2) $\dfrac{12\sqrt{5}}{7}$ cm

(3)① $72+12\sqrt{13}+12\sqrt{10}\ (\text{cm}^2)$ ② 1：6

解説

1 △OAHで，三平方の定理より，

$AH=\sqrt{OA^2-OH^2}=\sqrt{25-16}=3$ (cm)

よって，$AC=2\times3=6$ (cm) より，底面の面積は，$\dfrac{1}{2}\times AC\times BD=18\ (\text{cm}^2)$

求める体積は，$\dfrac{1}{3}\times18\times4=24\ (\text{cm}^3)$

2 (1) 四角形ABCDは等脚台形なので，BI=3 cm

$AI=\sqrt{6^2-3^2}=3\sqrt{3}$ (cm)

(2)① 四角錐の高さはAI，

$JC=KG=12\times\dfrac{1}{3}=4$ (cm)

$V=\dfrac{1}{3}\times4\times4\times3\sqrt{3}=16\sqrt{3}\ (\text{cm}^3)$

② $DK=\sqrt{DJ^2+JK^2}=\sqrt{(3\sqrt{3})^2+(4-3)^2+4^2}$

$=2\sqrt{11}$ (cm)

Pから底面へひいた垂線の長さをh cmとすると，

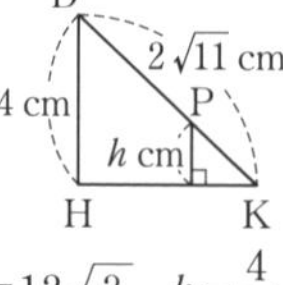

$\dfrac{1}{3}\times\dfrac{1}{2}\times(6+12)\times3\sqrt{3}$

$\times h=\dfrac{3}{4}\times16\sqrt{3}$，$9\sqrt{3}h=12\sqrt{3}$，$h=\dfrac{4}{3}$

よって，$PK:h=DK:DH$ より，

$PK=2\sqrt{11}\div4\times\dfrac{4}{3}=\dfrac{2\sqrt{11}}{3}$ (cm)

3 (1) $\sqrt{12^2+6^2+4^2}=\sqrt{196}=14$ (cm)

(2) 求める長さをh cmとすると，

$\triangle AEG=\dfrac{1}{2}\times AE\times EG=\dfrac{1}{2}\times AG\times h$

$\dfrac{1}{2}\times4\times\sqrt{12^2+6^2}=\dfrac{1}{2}\times14\times h$，$24\sqrt{5}=14h$

$h=\dfrac{24\sqrt{5}}{14}=\dfrac{12\sqrt{5}}{7}$ (cm)

(3)① PからEF，FGへひいた垂線を，それぞれPM，PNとする。△PEF，△PFGは二等辺三角形だから，$EM=\dfrac{1}{2}EF=6$ (cm)

$FN=\dfrac{1}{2}FG=3$ (cm)

また，EC=FD，Pは長方形DHFB，AEGCの対角線の交点だから，

$PE=PF=PG=\dfrac{1}{2}AG=7$ (cm)

△PEMで，三平方の定理より，

$PM=\sqrt{7^2-6^2}=\sqrt{13}$ (cm)

$\triangle PEF=\triangle PGH=\dfrac{1}{2}\times12\times\sqrt{13}$

$=6\sqrt{13}\ (\text{cm}^2)$

同様にして，$PN=\sqrt{7^2-3^2}=2\sqrt{10}$ (cm)

$\triangle PFG=\triangle PHE=\dfrac{1}{2}\times6\times2\sqrt{10}$

$=6\sqrt{10}\ (\text{cm}^2)$

長方形EFGH$=6\times12=72\ (\text{cm}^2)$

よって，求める表面積は，

$72+2\times(6\sqrt{13}+6\sqrt{10})$

$=72+12\sqrt{13}+12\sqrt{10}\ (\text{cm}^2)$

② 底面積と高さが等しい四角錐と直方体の体積の比は，1：3，直方体ABCD-EFGHの高さは，四角錐P-EFGHの2倍だから，

1：(3×2)=1：6

三平方の定理と面積・線分の長さ

解答 本冊 P. 67

1 (1) $4\sqrt{3}$ cm (2) $16\sqrt{2}\ \text{cm}^2$

(3) $\dfrac{2\sqrt{6}}{3}$ cm

2 (1) $\sqrt{3}\ \text{cm}^2$ (2) $\sqrt{10}\ \text{cm}^2$

3 (1) 120 度　(2) $3\sqrt{19}+3\sqrt{7}$ (cm)

解説

1 (1) △OBC は 1 辺が 8 cm の正三角形だから,

$\mathrm{OM}=\dfrac{\sqrt{3}}{2}\mathrm{OB}=4\sqrt{3}$ (cm)

(2) OA の中点を N とすると,
△MOA は二等辺三角形
だから, ON=NA=4 cm
よって, △AMN において, 三平方の定理より,

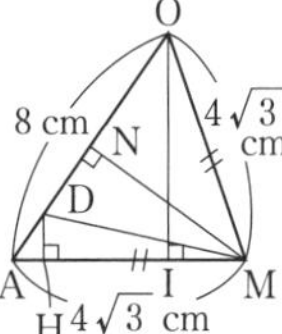

$\mathrm{MN}=\sqrt{(4\sqrt{3})^2-4^2}=4\sqrt{2}$ (cm)

$\triangle\mathrm{OAM}=\dfrac{1}{2}\times\mathrm{OA}\times\mathrm{MN}=\dfrac{1}{2}\times8\times4\sqrt{2}$

$=16\sqrt{2}$ (cm²)

(3) O から AM へ垂線 OI をひくと, △OAM の面積より, $\dfrac{1}{2}\times\mathrm{OI}\times4\sqrt{3}=16\sqrt{2}$

$\mathrm{OI}=\dfrac{16\sqrt{2}}{2\sqrt{3}}=\dfrac{8\sqrt{6}}{3}$ (cm)

また, ND=x cm とおくと,
MD=OD=$4+x$ (cm)　△MND において,
三平方の定理より,
$(4\sqrt{2})^2+x^2=(4+x)^2$,
$8x=16$, $x=2$,
DA=AN−ND=4−2=2 (cm)
OI // DH より, DH : OI=DA : OA

DH : $\dfrac{8\sqrt{6}}{3}$=2 : 8=1 : 4, DH=$\dfrac{2\sqrt{6}}{3}$ cm

2 (1) 点 A から辺 BC に垂線をひき, 交点を I とすると, △ABI は 30°, 60°, 90° の角をもつ直角三角形だから,
$\mathrm{AI}=\sqrt{3}\mathrm{BI}=1\times\sqrt{3}=\sqrt{3}$ (cm)　より,

$\triangle\mathrm{ABC}=\dfrac{1}{2}\times2\times\sqrt{3}=\sqrt{3}$ (cm²)

(2) 点 H から辺 BE へ垂線 HJ をひくと, △ ABG, △GJH, △ACH は直角三角形だから,
三平方の定理により,

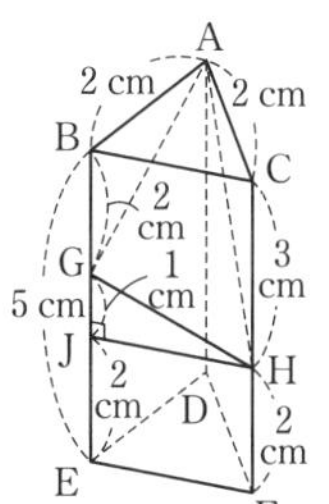

$\mathrm{AG}=\sqrt{2^2+2^2}=\sqrt{8}$ (cm)
$\mathrm{GH}=\sqrt{1^2+2^2}=\sqrt{5}$ (cm)
$\mathrm{AH}=\sqrt{2^2+3^2}=\sqrt{13}$ (cm)
$\mathrm{AG}^2+\mathrm{GH}^2=\mathrm{AH}^2$ となるから, △AGH は ∠AGH=90° の直角三角形より,

$\triangle\mathrm{AGH}=\dfrac{1}{2}\times\sqrt{8}\times\sqrt{5}=\sqrt{10}$ (cm²)

3 (1) 求める中心角を a° とすると,

$2\pi\times9\times\dfrac{a}{360}=2\pi\times3$, $a=120$

(2) (1)より, 側面の展開図は右のようになる。求める長さは,
BQ′+QP′ である。

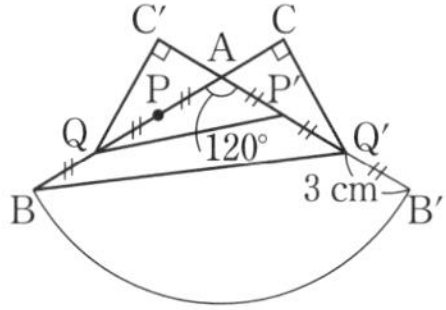

BA, B′A の A の側の延長上に, それぞれ ∠ACQ′=90°, ∠AC′Q=90° となる点 C, C′ をとると,
∠CAQ′=∠C′AQ=180°−120°=60° より,
60° の角をもつ直角三角形 △ACQ′,
△AC′Q ができる。AQ=AQ′=6(cm) だ

から, $\mathrm{AC}=\mathrm{AC'}=\dfrac{1}{2}\mathrm{AQ}=\dfrac{1}{2}\times6=3$ (cm)

$\mathrm{CQ'}=\mathrm{C'Q}=\sqrt{3}\,\mathrm{AC}=3\sqrt{3}$ (cm)
△BCQ′ において, 三平方の定理より,
$\mathrm{BQ'}=\sqrt{\mathrm{BC}^2+\mathrm{CQ'}^2}=\sqrt{12^2+(3\sqrt{3})^2}$
$=3\sqrt{19}$ (cm)
△C′QP′ において, 三平方の定理より,
$\mathrm{QP'}=\sqrt{\mathrm{C'Q}^2+\mathrm{C'P'}^2}=\sqrt{(3\sqrt{3})^2+6^2}$
$=3\sqrt{7}$ (cm)
よって, 求める長さは, $3\sqrt{19}+3\sqrt{7}$ (cm)

回転体

解答　本冊 P. 69

1 $\dfrac{10}{3}\pi$ cm³

2 42π cm²

3 (1) $\dfrac{26\sqrt{15}}{3}\pi$ cm³　(2) 42π cm²

(3) $4\sqrt{13}$ cm

解説

1 $\sqrt{5}>2$ より, 辺 BC を軸に回転させた立体の体積のほうが大きいから,

$\dfrac{1}{3}\pi\times(\sqrt{5})^2\times2=\dfrac{10}{3}\pi$ (cm³)

2 半径 3 cm，高さ 7 cm の円柱の側面積になる。
よって，$2\pi\times3\times7=42\pi$ (cm^2)

3 (1) △EBC において，三平方の定理より，
$EB=\sqrt{12^2-3^2}=3\sqrt{15}$ (cm)
AD∥BC より，EA：EB＝4：12＝1：3
だから，$EA=\sqrt{15}$ cm，AD＝1 cm
△EBC を回転させた円錐を M，△EAD を回転させた円錐を N とすると，求める体積は，M の体積から N の体積をひいて，
$\frac{1}{3}\pi\times3^2\times3\sqrt{15}-\frac{1}{3}\pi\times1^2\times\sqrt{15}$
$=\frac{26\sqrt{15}}{3}\pi$ (cm^3)

(2) M の側面積から N の側面積をひいて，M，N それぞれの底面積をたしたものになる。
M の側面と N の側面は中心角が等しく，これを a° とおくと，
$2\pi\times4\times\frac{a}{360}=2\pi\times1$，$a=90$
求める表面積は，
$\pi\times12^2\times\frac{90}{360}-\pi\times4^2\times\frac{90}{360}+\pi\times3^2+\pi\times1^2$
$=42\pi$ (cm^2)

(3) 求めるひもの長さは，立体の側面の展開図上で，線分 G′P の長さである。

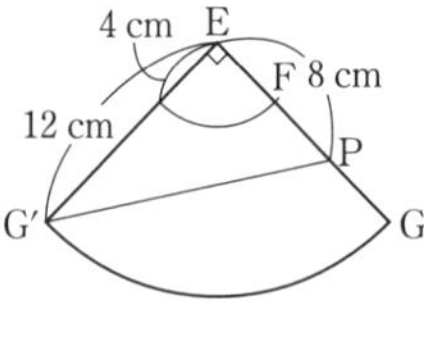

右の図で，
∠G′EG＝90°
FP＝(12－4)÷2＝4 (cm) より，
EP＝4＋4＝8 (cm)
よって，△EG′P において，三平方の定理より，$G'P=\sqrt{12^2+8^2}=4\sqrt{13}$ (cm)

展開図

解答 本冊 P. 71

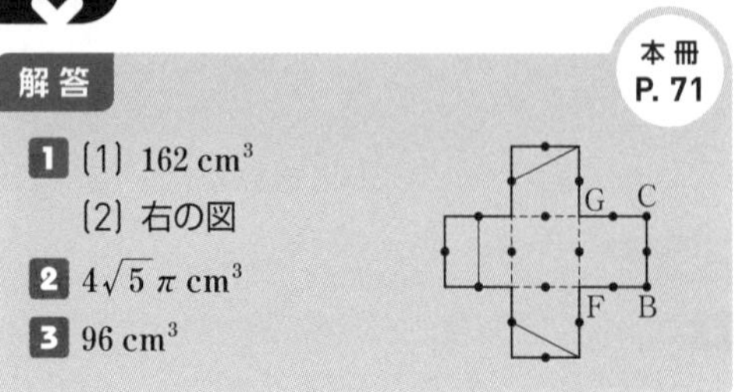

1 (1) 162 cm^3
(2) 右の図
2 $4\sqrt{5}\pi$ cm^3
3 96 cm^3

解説

1 (1) 三角柱 APB-DQC の体積分だけこぼれたから，$6\times6\times6-\frac{1}{2}\times3\times6\times6=162$ (cm^3)

(2) 各頂点は，右のようになる。

2 円錐の高さは，
$\sqrt{7^2-2^2}=3\sqrt{5}$ (cm)
体積は，
$\frac{1}{3}\pi\times2^2\times3\sqrt{5}=4\sqrt{5}\pi$ (cm^3)

3 底面は △ABC，高さは円柱と同じ三角錐になる。
△ABC は，∠C＝90° の直角三角形で，
AB＝5×2＝10 (cm)，三平方の定理より，
$BC=\sqrt{10^2-6^2}=8$ (cm)
求める体積は，$\frac{1}{3}\times\frac{1}{2}\times6\times8\times12=96$ (cm^3)

投影図・球

解答 本冊 P. 73

1 $\frac{27}{4}$
2 $80\sqrt{14}$ cm^3
3 表面積…27π cm^2　体積…18π cm^3
4 $(6+4\sqrt{2})$ cm

解説

1 イは半径 3 cm の球の投影図で，体積は 36π cm^3。

2 底面は二等辺三角形だから，10 cm の辺を底辺として三角形の高さを求めると，$2\sqrt{14}$ cm。

3 球を半分に切ったと考えると，表面積は，もとの球の表面積の半分に切り口の円の面積を加えたもの。

4 右の図のように，直角三角形 O′OH を作ると，三平方の定理により，
$O'H=\sqrt{6^2-2^2}=\sqrt{32}$
$=4\sqrt{2}$ (cm)
円柱の高さは，
$4+4\sqrt{2}+2=6+4\sqrt{2}$ (cm)

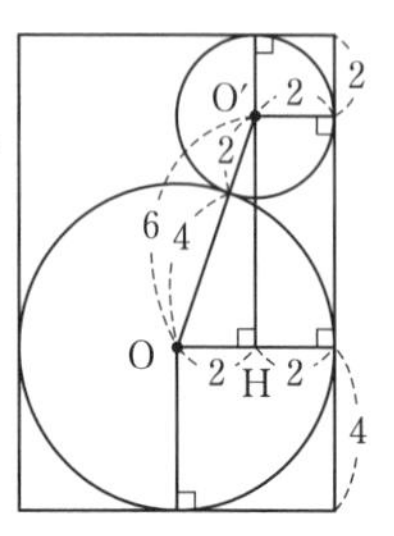

数と規則性

本冊 P. 75

解答

1 (1) 32 (2) $n(n+1)$ (3) 14

2 (1) ① 36 ② 27 (2) 第 3 行第 10 列

3 (1) 8 行目 7 列目 (2) 38 行目 26 列目

解説

1 (1) 3 段目では，2 段目の左上の数と右上の数の和になるから，$12+20=32$

(2) 2 段目では，1 段目の左上の数と右上の数の積になっているから，$n(n+1)$

(3) ウの数を n とおくと，数の並びは右のようになり，

$n-1$　n　$n+1$
$n(n-1)$　$n(n+1)$
392

$392=n(n-1)+n(n+1)$
$=2n^2$
$n^2=196$，$n>0$ より，$n=14$

2 (1)① 第 n 行第 1 列の数は，n^2 より $6^2=36$

② 第 m 列第 2 行の数は，$(m-1)^2+2$（ただし $m≧2$）より，$(6-1)^2+2=27$

(2) $81=9^2$ より，81 は第 9 行第 1 列の数で，次の数は第 10 列第 1 行目から下に並ぶ。よって，$84-81=3$ より，84 は第 10 列第 3 行目にある。

3 (1) $\frac{1}{9}$ は 8 行目の 1 列目の数だから，$\frac{7}{9}$ は，8 行目の 7 列目の数である。

(2) 40 行目の 40 列目の $\frac{40}{41}$ まで書かれている。41 以下の 3 の倍数で最大の数は 39 だから，$\frac{2}{3}=\frac{26}{39}$ これは，38 行目の 26 列目の数である。

図形と規則性

本冊 P. 77

解答

1 (1) 31 個 (2) $n=8$

2 ① $12n$ ② $n-1$ ③ $4(n-1)$ ④ $8n+4$

解説

1 (1) $n=1$ のときは，1 つの円と 3 直線の交点と，点 A の
$2\times3+1=7$（個）
$n=2$ のときは，直線 4 本と 2 つの円との交点と点 A で，
$2\times(4\times2)+1=17$（個）
$n=3$ のときは，直線 5 本と 3 つの円との交点と点 A で，$2\times(5\times3)+1=31$（個）

(2) $2\times(n+2)\times n+1=161$ より，
$2n^2+4n-160=0$，$(n-8)(n+10)=0$
$n>0$ より，$n=8$

2 ① 立方体の辺の数は 12 だから，$12n$ 本
② $(n-1)$ か所が重なっている。
③ 重なり部分は，1 か所で 4 本使っているから，$4(n-1)$ 本
④ $12n-4(n-1)=8n+4$（本）

場合の数

本冊 P. 79

解答

1 12 通り

2 10 通り

3 12 通り

4 12 通り

解説

1 5 人の生徒を A，B，C，D，E とする。真ん中の C，D，E の並び方は，(C，D，E)，(C，E，D)，(D，C，E)，(D，E，C)，(E，C，D)，(E，D，C) の 6 通りあり，両端の A，B は左に A の場合と B の場合の 2 通りあるから，全部で，$6\times2=12$（通り）ある。

2 3 枚のカードの選び方は，(2，3，5)，(2，3，7)，(2，3，8)，(2，5，7)，(2，5，8)，(2，7，8)，(3，5，7)，(3，5，8)，(3，7，8)，(5，7，8) の 10 通りある。

3 • ガムが 1 個のとき，残りは 290 円。
$290\div40=7\cdots10$ より，買うことのできるあ

めの個数は，1～7個の7通り。

- ガムが2個のとき，残りは180円。
  $180\div40=4.5$ より，買うことのできるあめの個数は，1～4個の4通り。
- ガムが3個のとき，残りは70円。
  $70\div40=1\cdots30$ より，買うことのできるあめの個数は，1個の1通り。

よって，全部で，$7+4+1=12$（通り）

4 真美さんが1番目のとき，残り2人の女子の順番は，2通り。男子3人の順番は，（一郎，浩，孝）は(2, 4, 6)，(2, 6, 4)，(4, 2, 6)，(4, 6, 2)，(6, 2, 4)，(6, 4, 2)の6通りあるから，全部で，$2\times6=12$（通り）

さいころの確率

解答　本冊 P. 81

1 (1) $b=5,\ 6$　(2) $\frac{1}{9}$

2 $\frac{2}{9}$

3 $\frac{5}{9}$

解説

1 (1) 円周上の点に，右の図のような番号をつける。
$a=2$ のとき，点Aは11の位置にある。
$\angle OAB=90^\circ$ のとき，OBは直径になるから，$b=6$
$\angle AOB=90^\circ$ のとき，ABは直径になるから，$b=5$

(2) 点Aは，さいころの目が6のとき9の位置にあり，OAは直径にはならない。

- OBが直径のとき，点Aは9の位置にあればよい。このとき，$(a,\ b)=(3,\ 6)$，$(6,\ 6)$の2通り。
- ABが直径のとき，Aは9，Bは3の位置にある。このとき，$(a,\ b)=(3,\ 3)$，$(6,\ 3)$の2通り。

さいころの目の出方は，$6\times6=36$（通り）

より，求める確率は，$\frac{2+2}{36}=\frac{1}{9}$

2 積 ab は，右の表のようになる。このうち $\sqrt{ab}$ が自然数となるのは，斜線部分の8通りある。すべての場合は36通りだから，求める確率は，
$\frac{8}{36}=\frac{2}{9}$

	1	2	3	4	5	6
1	1	2	3	4	5	6
2	2	4	6	8	10	12
3	3	6	9	12	15	18
4	4	8	12	16	20	24
5	5	10	15	20	25	30
6	6	12	18	24	30	36

3 1回目のさいころの目の数を a，2回目のさいころの目の数を b とする。

- 2回とも中央のメダルを裏返さない場合，a，b とも2，5以外の4通りずつあるから，$4\times4=16$（通り）
- 2回とも中央のメダルを裏返す場合，$(a,\ b)=(2,\ 2)$，$(2,\ 5)$，$(5,\ 2)$，$(5,\ 5)$の4通り。

すべての場合は36通りあるから，求める確率は，$\frac{16+4}{36}=\frac{5}{9}$

カードや玉の確率

解答　本冊 P. 83

1 $\frac{2}{5}$

2 $\frac{7}{15}$

3 $\frac{3}{5}$

解説

1 ボールの取り出し方は，1～10の10通りあり，10の約数は，1，2，5，10の4通りあるから，求める確率は，$\frac{4}{10}=\frac{2}{5}$

2 カードのひき方は，1枚目は6通り，2枚目は1回目の1枚を除いた5通りあるから，全部で$6\times5=30$（通り）
ぬりつぶされたマスが縦，横，ななめに3つ並ぶのは，（1枚目の数，2枚目の数）が，(1, 2)，(1, 6)，(2, 1)，(2, 3)，(5, 6)，(5, 4)，

(6, 1), (6, 5), (6, 3), (4, 5), (4, 3),
(3, 2), (3, 4), (3, 6) の 14 通り。

求める確率は, $\frac{14}{30}=\frac{7}{15}$

3 5 つの点から 2 つの点の選び方は, {C, E}, {C, F}, {C, G}, {C, H}, {E, F}, {E, G} {E, H}, {F, G}, {F, H}, {G, H} の 10 通り。
このうち, 重なる部分が四角形になる場合は, ＿＿の部分の 6 通りあるから, 求める確率は, $\frac{6}{10}=\frac{3}{5}$

データの比較

本冊 P. 85

解答

1 (1) (Ⅰ)イ (Ⅱ)ア (Ⅲ)ウ (2) ウ
2 イ, オ

解説

1 (1) (Ⅰ)四分位範囲は第 3 四分位数から第 1 四分位数をひいた差である。箱の長さが最も長い C 組が四分位範囲が最も大きいので, 正しくない。

(Ⅱ)35 人を冊数の少ない順に並べて 4 等分すると, 8 人ずつに分かれる。35 人の第 1 四分位数は 9 番目, 第 2 四分位数は 18 番目。34 人の第 1 四分位数は 9 番目, 第 2 四分位数は 17 番目と 18 番目の平均。第 2 四分位数と 20 冊との関係は下の図のようになる。20 冊以下の人数は, A 組と C 組では 17 人より少なく, B 組では 17 人より多い。したがって正しい。

A 組 第 1 四分位数 20 冊 第 2 四分位数
8 人 8 人

B 組 第 1 四分位数 第 2 四分位数 20 冊
8 人 8 人

C 組 第 1 四分位数 20 冊 第 2 四分位数
8 人 8 人 8 人

(Ⅲ)例えば B 組の右側のひげの部分は, 29 冊, 36 冊, 37 冊の生徒だけの場合も考えられるので, この図からはわからない。

(2) 図より, 0 ～ 5 冊の生徒はいないので, エではない。中央値(第 2 四分位数)は, 17 番目と 18 番目の平均で, 23 冊である。
アは, 17 番目と 18 番目が 15 冊から 20 冊の間に入っていて, 23 冊ではないから, 不適切。
イは, 30 冊から 45 冊は 8 人だが, 図では第 3 四分位数の右側のひげ部分の人数が 8 人, 第 3 四分位数が 32 冊より, 30 冊から 45 冊は 9 人以上だから, 不適切。

2 400 個を 4 等分すると 100 個ずつになる。
ア：箱ひげ図では平均値はわからない。
イ：C 農園の第 1 四分位数は 29 g, 第 3 四分位数は 36 g で, どちらも一番大きい。
ウ：34 g 以上のいちごの個数は, A 農園は 100 個未満, B 農園と C 農園は 100 個以上であるが, B 農園と C 農園のどちらが多いかはこの図からはわからない。
エ：四分位範囲は第 3 四分位数から第 1 四分位数をひいた差であり, B 農園が一番大きい。
オ：A 農園の第 3 四分位数は 29 g だから, 右側のひげの部分の最初の数は 29 g 以上。したがって, 30 g 以上のいちごの個数は 100 個以内。B 農園, C 農園ともに, 第 2 四分位数は 30 g 以上。第 2 四分位数以上の個数は 200 個だから, 30 g 以上のいちごの個数は 200 個以上で, A 農園の 2 倍以上ある。

図形と関数の総合問題

本冊 P. 87

解答

1 (1) $a=\frac{1}{2}$ (2) A(2, 2) (3) $6\sqrt{2}$ cm

2 (1) 4 (2) $y=\frac{1}{2}x+2$
(3) ① 63 度 ② $\frac{8\sqrt{10}}{5}$

3 $y=3x-6$

解説

1 (1) $y=ax^2$ に $x=4$, $y=8$ を代入して,

$8=a\times4^2$, $a=\frac{1}{2}$

(2) 円Aの半径を r cm とおくと，点Aの座標は，$(r,\ r)$ である。点Aは①のグラフ上にあるから，$r=\frac{1}{2}r^2$, $r^2-2r=0$,

$r(r-2)=0$　$r>0$ より，$r=2$

(3) (2)より，直線②の式は，$y=4$ であるから，点Bの座標は $b>0$ として，$(-b,\ 4+b)$ とおける。点Bも①のグラフ上にあるから，

$4+b=\frac{1}{2}\times(-b)^2$, $b^2-2b-8=0$

$(b+2)(b-4)=0$, $b>0$ より，$b=4$

よって，$B(-4,\ 8)$ より，

$AB=\sqrt{\{2-(-4)\}^2+(2-8)^2}=6\sqrt{2}$ (cm)

2 (1) $y=\frac{1}{4}\times4^2=4$

(2) 点Bの座標は，$(-2,\ 1)$ だから，直線 ℓ の傾きは，$\frac{4-1}{4-(-2)}=\frac{1}{2}$ より，$y=\frac{1}{2}x+b$ とおいて，点Bの座標より，$x=-2$, $y=1$ を代入すると，$1=-1+b$, $b=2$

(3)① $\overset{\frown}{AE}$ に対する円周角と中心角から，

$\angle AOE=54°\times2$
$=108°$

直線OAは $y=x$ より，$\angle AOD=45°$

$\angle DOE=108°-45°=63°$

② $\triangle ABO=\triangle ABF$ より，$AB\parallel FO$

よって，直線FOの式は，$y=\frac{1}{2}x$

点Fの座標を $(2m,\ m)$ とおくと，

$OF=OA=\sqrt{4^2+4^2}=4\sqrt{2}$

だから，

三平方の定理より，

$(2m)^2+m^2=(4\sqrt{2})^2$

$5m^2=32$, $m>0$ より，

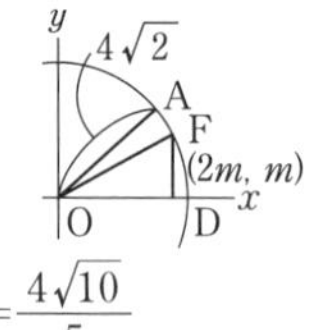

$m=\frac{\sqrt{32}}{\sqrt{5}}=\frac{4\sqrt{2}\times\sqrt{5}}{5}=\frac{4\sqrt{10}}{5}$

よって，点Fの x 座標は，

$\frac{4\sqrt{10}}{5}\times2=\frac{8\sqrt{10}}{5}$

3 対称軸はOAだから，$OB=OC=2$

よって，直線ABの傾きは，

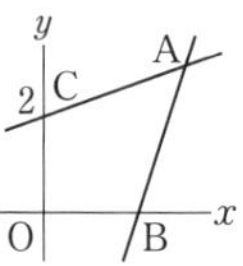

$\frac{3-0}{3-2}=3$

式を $y=3x+b$ とおくと，点Aの座標より，$x=3$, $y=3$ を代入して，$3=9+b$, $b=-6$

図形の総合問題 1

解答

本冊 P. 89

1 (1) 4本

(2) $\triangle AOE$ と $\triangle OFE$ において，

共通な角だから，

$\angle OEA=\angle FEO$ …①

正方形の角は90°だから，

$\angle EAO=90°\div2=45°$ …②

正八角形だから，

$\angle EOF=360°\div8=45°$ …③

②，③より，

$\angle EAO=\angle EOF$ …④

①，④より，2組の角がそれぞれ等しいので，$\triangle AOE\backsim\triangle OFE$

(3) $(24-6\sqrt{6})\pi$ cm^2

解説

1 (1) 五角形になるのは，正八角形の頂点ともとの正方形の対角線の交点Oを結ぶ直線で折ったとき。

(2) $\angle EOF$ は，点Oの周り(360°)を8等分したものであることを利用する。

(3) 塗りつぶした部分は4つの合同な直角二等辺三角形で，条件より，面積の合計はもとの正方形の $\frac{1}{3}$。$AG=y$ cm とすると，

$y^2\times\frac{1}{2}\times4=6^2\times\frac{1}{3}$　$\rightarrow y=\sqrt{6}$

点OからABにひいた垂線とABの交点をHとすると，$AH=OH=3$ cm だから，

$OG^2=GH^2+OH^2$

$=(3-\sqrt{6})^2+3^2=24-6\sqrt{6}$

図形の総合問題 2

本冊 P. 91

解答

1 (1) $\triangle ADF$ と $\triangle CEF$ において,
$\angle AFD=\angle CFE$(対頂角) …①
$\triangle ABC$ は二等辺三角形だから,
$\angle ABD=\angle ACD$ …②
$\triangle AED\equiv\triangle ABD$ だから,
$\angle AED=\angle ABD$ …③
②, ③より, $\angle ACD=\angle AED$
2 点 C, E が直線 AD について同じ側にあって, $\angle ACD=\angle AED$ だから, 4 点 A, D, E, C は 1 つの円周上にある。
よって, 同じ弧に対する円周角は等しいから, $\angle DAF=\angle ECF$ …④
①, ④より, 2 組の角がそれぞれ等しいから, $\triangle ADF\backsim\triangle CEF$

(2) ① $\dfrac{147}{20}$ cm　② $\dfrac{21\sqrt{22}}{11}$ cm

2 (1) 点 C, D をそれぞれ中心とする半径が線分 CD の長さの半分より大きな等しい円をかく。その 2 円の交点を P, Q とし, 直線 PQ をひく。このとき, 直線 PQ と線分 AD との交点が求める F である。

(2) $\triangle AFC$ と $\triangle BDC$ において,
$\overset{\frown}{CD}$ に対する円周角は等しいから,
$\angle CAF=\angle CBD$ …①
また, $\angle FCA=\angle ACB-\angle ECF$ …②
$CF=DF$ より, $\angle FCD=\angle FDC$
$\overset{\frown}{AC}$ に対する円周角は等しいから,
$\angle FDC=\angle ABC$
仮定より, $\angle ABC=\angle ACB$
以上より, $\angle FCD=\angle ACB$
よって, $\angle DCB=\angle FCD-\angle ECF$
$=\angle ACB-\angle ECF$ …③
②, ③より, $\angle FCA=\angle DCB$ …④
①, ④より, 2 組の角がそれぞれ等しいから, $\triangle AFC\backsim\triangle BDC$

(3) 5 : 6

解説

1 (2)① (1) と同様に, $\triangle DEF\backsim\triangle ACF$ で, 相似比は $DE:AC=3:7$

$FC=x$ cm とすると, $EF=x\times\dfrac{3}{7}$ (cm)

$AF=DF\times\dfrac{7}{3}=(12-3-x)\times\dfrac{7}{3}$

$=(9-x)\times\dfrac{7}{3}$ (cm)

$AB=AE=7$ cm なので,
$EF+AF=7$ (cm)

$x\times\dfrac{3}{7}+(9-x)\times\dfrac{7}{3}=7$

② A から BC に垂線をひき, 交点を H とすると, $AH=\sqrt{13}$ cm, $DH=3$ cm となるから, $AD=\sqrt{22}$ cm

① から, $FC=\dfrac{147}{20}$cm, $FA=\dfrac{77}{20}$cm だから, $\triangle CEF$ と $\triangle ADF$ の相似比は,

$FC:FA=\dfrac{147}{20}:\dfrac{77}{20}=21:11$

よって, $\sqrt{22}:EC=11:21$

2 (1) CD の垂直二等分線と AD の交点が F。

(2) $\triangle CDF$ は $\angle C=\angle D$ の二等辺三角形。

(3) AC : BC を調べれば, 相似比がわかる。A から BC にひいた垂線と BC の交点を H とすると, $OH=7-5=2$ (cm)
$\triangle OCH$ で, 三平方の定理から,
$CH=\sqrt{OC^2-OH^2}=\sqrt{5^2-2^2}=\sqrt{21}$ (cm)
$BC=2\sqrt{21}$ cm
$\triangle AHC$ で, 三平方の定理から,
$AC=\sqrt{AH^2+CH^2}=\sqrt{7^2+21}=\sqrt{70}$ (cm)
$\triangle AFC:\triangle BDC=(\sqrt{70})^2:(2\sqrt{21})^2=5:6$

数と式の総合問題

解答 本冊 P. 93

1 (1) ①$n=5$　②6個

(2) 1辺1 cmの正方形は全部で$a\times3a=3a^2$(個)あり，そのうち，ACが通る正方形の個数は$3a$個であるから，
$3a^2-3a=168$，$a^2-a-56=0$，
$(a+7)(a-8)=0$，$a=-7$，8
$a>0$より，$a=8$

(3) 37，39，45

解説

1 (1) 実際に図をかいて数える。

(2) 下の図のように正方形3つのセットがa個あると考える。

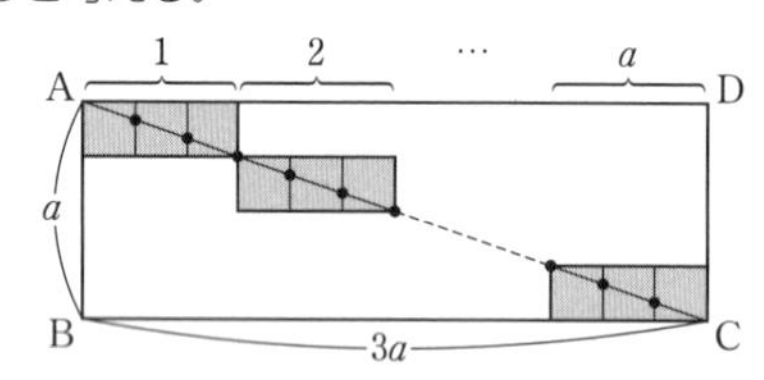

(3) nは，ABCDの内部にひいた線分の縦横の合計から，線分の交点(正方形の頂点)の数をひいたものである。つまり，ACが線分の交点を通った回数を調べれば，a，bの値からnを求めることができる。交点を通った回数をmとすると，横の線と$(a-1)$回，縦の線と$(b-1)$回交わるから，
$n=(a-1)+(b-1)-m=a+b-m-2$
一方で，交点を通った回数は，aとbの最大公約数を調べればわかる。つまり，交点を通った回数は，(最大公約数 -1)回。
ここで，$a=9$，$n=44$なので，aの約数1，3，9について，順に調べる。

・最大公約数が1のとき，$m=1-1=0$より，
$9+b-2=44$　→ $b=37$
・最大公約数が3のとき，$m=3-1=2$より，
$9+b-2-2=44$　→ $b=39$
・最大公約数が9のとき，$m=9-1=8$より，
$9+b-8-2=44$　→ $b=45$

データの活用の総合問題

解答 本冊 P. 95

1 (1) 55%
(2) 4.5回
(3) 右の図
ウ

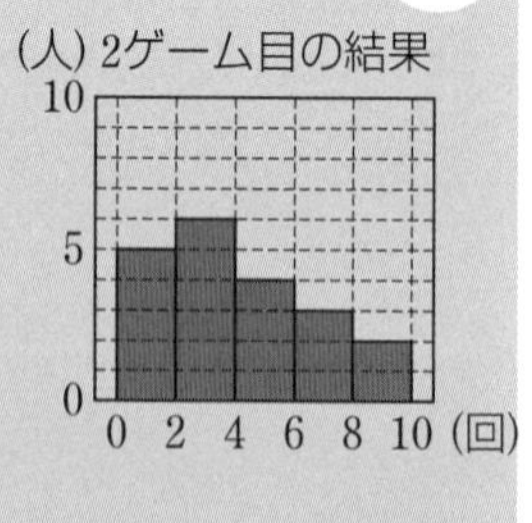

(4) 正しくない
(理由)
Lさんは，1ゲーム目に成功したシュートの回数は4回であり，回数の多い方から数えて11番目で，参加した生徒の中で真ん中より下の順位であるから。

2 およそ830匹

解説

1 (1) 表を調べると，11人。$11\div20\times100=55(\%)$

(2) 1ゲーム目の値を小さいものから並べ，10番目，11番目の回数を調べて平均する。
10番目は4回，11番目は5回より，
$(4+5)\div2=4.5$(回)

(3) ア　最頻値を含む階級は，1ゲーム目は0回以上2回未満と4回以上6回未満，2ゲーム目は2回以上4回未満だから，×
イ　ともに5人で同じだから，×
ウ　どちらも8回以上10回未満が最も少ないので，○
エ　1ゲーム目は3人，2ゲーム目は6人で，2ゲーム目の方が大きいから，×

(4) 平均値が中央値(メジアン)と一致するとは限らない。

2 目印のついた魚の割合は一定であると考えて，計算する。全体の魚の数をx匹とすると，
$x:100=50:6$